U0078954

天才也瘋狂

我的第一本趣味數學故事

Stories about Mathematics

數學並不枯燥，也不死板。

?+57=3

本書講述各種看似簡單卻又包含著豐富知識的題目，

引人入勝的故事，有趣的知識解答，大數學家的精彩事例……
當你讀完了這些有趣的小故事，一定會有意想不到的收穫！

i-smart

智學堂

智慧是學習的殿堂

國家圖館出版品預行編目資料

天才也瘋狂：我的第一本趣味數學故事/

陳韋哲編著. -- 初版.-- 新北市：智學堂文化，

民105.01　面；　公分. -- （青少年百科 ; 21）

ISBN 978-986-5819-83-5(平裝)

1.數學 2.通俗作品

310　　　　　　　　　104024574

青少年百科：21

天才也瘋狂 ： 我的第一本趣味數學故事

編　　著 ━ 陳韋哲
出 版 者 ━ 智學堂文化事業有限公司
執 行 編 輯 ━ 廖美秀
美 術 編 輯 ━ 蕭佩玲
地　　址 ━ 22103　新北市汐止區大同路三段一百九十四號九樓之一
　　　　　　TEL　（02）8647-3663
　　　　　　FAX　（02）8647-3660

總 經 銷 ━ 永續圖書有限公司
劃 撥 帳 號 ━ 18669219
出 版 日 ━ 2016年1月

法 律 顧 問 ━ 方圓法律事務所　涂成樞律師
cvs 代 理 ━ 美璟文化有限公司
　　　　　　TEL　（02）27239968
　　　　　　FAX　（02）27239668

Chapter 01

吹牛？還是沒吹牛？
——縝密的邏輯分析

Chapter 02

黃金藏在哪個箱子裡
——巧妙的推理

Chapter 03

尋找你的幸運數字
——不可思議的機率

Chapter 04

最難以捉摸的平均數
──統計的祕密

Chapter 05

誰是最大的預言家
──有遠見的方程

Chapter 06

「頭疼」的電話號碼
——生活中的數學

Chapter 07

天才也瘋狂
──享譽中外的數學家

Chapter 01

吹牛？還是沒吹牛？
——縝密的邏輯分析

Stories about Mathematics

小猴子
迎戰狡詐的老虎

　　從前，森林中有一隻殘暴而兇狠的老虎，牠經常欺負弱小的動物們。為了顯示自己的霸道，牠把森林中心的土地劃為了自己的領地，宣稱自己是這個森林裡的國王。

　　霸道的老虎還聲稱自己的領地神聖不可侵犯，任何動物都不能踏入半步。如果有誰誤闖入禁宮，將受到嚴厲的懲罰。牠必須說一句話，如果是真話，牠將被老虎吃掉，如果是假話，老虎將把牠送給自己的狐朋狗友——野狼享用。許多動物都被狡猾的老虎害死了，因為無論說什麼話，都只有死路一條。

　　這天，小猴子由於迷路誤闖入禁區，被野狼抓住了，牠被帶到老虎面前。老虎輕蔑地看著牠，說：「你現在自己選擇吧，說真話的話你會成為我的午餐，說假話的話你就會被我的野狼兄弟享用。」

　　小猴子非常聰明，為了活命，牠想了一想，說道：「老虎陛下，這是我的那一句話：我會是您的午餐。」

　　老虎聽了以後，正要享用牠的午餐，但是仔細一想，

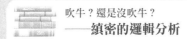
卻不知道該怎麼辦好。

原來，小猴子所説的這句話，既不是真話，也不是假話。因為如果真的把牠吃了，那麼這句話就變成了真話。

而根據老虎的規定，説真話的要被老虎作為午餐吃掉；而如果老虎把牠吃掉的話，這句話又變成了假話，根據規定，牠應當被野狼吃掉。無論如何，總是前後矛盾的。老虎想了半天，不知道該怎麼辦，只好把小猴子給放了。

小猴子就這樣聰明地逃出了老虎的魔爪。

【數學加油站】必勝的祕密

阿凡提和一個地主打賭。

桌子上面有20枚硬幣，兩個人輪流從其中拿走硬幣，每次最多拿走3枚硬幣，最少拿走1枚。這樣桌上的硬幣將不斷減少，誰拿到最後1枚硬幣，誰就獲勝。地主請阿凡提先拿，他隨後拿。

實際上，阿凡提已經處在必勝的位置上了。只要他採用正確的拿法，最後1枚硬幣肯定屬於他。你知道這是為什麼嗎？

一點就通

我們可以從最後考慮，如果桌上還有少於或等於3枚硬幣，那麼這個時候輪到的人就可以拿光剩下的硬幣了。所以阿凡提倒數第二次拿的時候，要確定拿過以後，桌上還剩下4枚硬幣，這樣，無論地主怎麼拿，都不能一次把硬幣拿光，但是地主最少要拿走1枚硬幣，所以桌上最後最多還有3枚硬幣，阿凡提獲勝(想一想為什麼不能剩下5枚硬幣)。

同樣道理，阿凡提在倒數第三次拿的時候，要確定拿過以後，桌上還剩下8枚硬幣。以此類推。由於阿凡提先拿，而且桌上本來有20枚硬幣，是4的倍數，所以阿凡提必勝。

這樣過河最安全

　　一個獵人帶著一隻狼、一隻羊和一棵白菜想渡河，河上只有一隻小船，小船只能載一個人和一件東西。如果人不在時，狼就要吃羊，羊要吃白菜。有什麼方法能把狼、羊和白菜安全地送到河對岸呢？

　　這是一個很古老的數學遊戲。據說在一千多年以前，一些國家裡就有人用這類問題來訓練年輕人的智力。要解答這個問題需要先分析一下。

　　獵人首先帶著羊過河，留下狼和白菜；然後獵人回來，將羊留下；獵人再帶著白菜過河，把白菜放在對岸，而把羊帶回來；然後把羊放下，把狼帶過河去；最後，獵人再划船回來，把羊帶過河去，這樣就都可以安全過河了。

　　還有好些相似的渡河問題。下面的問題，也是一個經典例子。有一隊運動員，想從河的左岸渡至右岸，因木橋被破壞，他們只能借助於一隻小渡船和兩個孩子的幫助來到達目的地。但這艘渡船很小，一次只能渡一名運動員，或者渡兩個孩子(不能讓一名運動員和孩子同

時渡河)。

請問應該怎樣安排渡河,才能讓全部運動員都渡過河去?因為渡船很小,每次只能渡過一名運動員,所以不論這隊運動員有多少人,他們必須是一個一個地渡河,這就意味著只要找出渡過一名運動員,並使船又能回到左岸的方法,然後重複上述過程,便可將整隊運動員都渡過河去。可是怎樣才能讓他們都過去呢?

經過分析,可以先讓兩個孩子同時渡至右岸,一個孩子上岸,另一個孩子把船划回左岸;再讓運動員渡到右岸,此時運動員上岸,而由已留在右岸的孩子把船划回左岸。

重複上述過程,可將全隊運動員都渡過河去。

【數學加油站】姓氏和領帶配對

黃先生、藍先生和白先生一起吃午飯。一位繫的是黃顏色的領帶,一位是藍顏色的領帶,一位是白色的領帶。

「你們注意到沒有,」繫藍顏色領帶的先生説,「雖然我們領帶的顏色正好是我們三個人的姓,但我們當中沒有一個人的領帶顏色與他的姓相同。」

「啊!你説得對極了!」黃先生驚呼道。

請問這三位先生的領帶各是什麼顏色？

一點就通

黃先生繫的是白領帶。

白先生繫的是藍領帶。

藍先生繫的是黃領帶。

黃先生不可能繫黃顏色的領帶，因為這樣他的領帶顏色就與他的姓相同了。他也不可能繫藍色領帶，因為這種顏色的領帶己由向他提出問題的那位先生繫著。所以黃先生繫的必定是白領帶。

這樣，剩下的藍領帶和黃領帶，便分別由白先生和藍先生所繫了。

高塔逃亡歷險記

三百多年前，一個王國被一個兇暴殘忍的大公統治著。他有一個獨生女兒。這個被大公奉為掌上明珠的公主，不但異常美麗，而且心地善良，經常接近和幫助窮苦人。

公主滿二十歲的時候了，大公把她許配給鄰國的一個王子，可是她卻愛著一個鐵匠——年輕的海喬。出嫁的日子快要到來了，她實在不願意嫁給那個王子，於是她和海喬冒險逃到山裡，可是很不幸，他們很快就被大公的手下人抓了回來，關在一座沒有完工的陰森的高塔裡。和他們關在一起的，還有一個幫他們逃跑的侍女。知道消息後，大公暴跳如雷，決定第二天就把他們處死。

關押他們的塔很高，只有在最頂層才開有窗子，從那裡跳下去准會粉身碎骨。

大公想，要是派人看守，說不定看守的人會同情他們，把他們放掉，所以他乾脆下令撤掉一切看管，並下令不准任何人接近那座塔。

海喬知道這座塔無人看守，周圍又沒有任何人監視，或許還有一線希望。於是，他順著梯子走到最高層，望著窗外沉思。

不久，海喬發現有一根建築工人遺留在塔頂的繩子，繩子套在一個滑輪上，而滑輪是裝在比窗略高一點的地方。

繩子的兩頭，各繫著一只筐子。這是原來泥水匠吊磚頭用的。海喬做過建築工人，他經過一番觀察和估量，斷定兩隻筐子載重可達170公斤，且兩只筐子的載重相差接近10公斤，而又不超過10公斤。

所以，只要在載重量的範圍內，那麼，筐子就會平穩地下落到地面。

海喬知道公主的體重大約是50公斤，侍女大約有40公斤，自己的體重是90公斤。他在塔裡又找到一條30公斤的鐵鍊。經過一番深思熟慮，他利用現有的條件，終於使三人都順利地降落到地面，一同逃走了。

下面是一種逃生方案：

海喬先把30公斤的鐵鍊放在筐裡降下去後，再讓侍女(40公斤)坐在筐裡落下去，這時放在鐵鍊的筐子就返回上來了。

然後海喬取出鐵鍊，讓公主(50公斤)坐在筐裡落下去，她下降到地面時，侍女返回上來。侍女走出來後，

公主也走出筐子。

接著海喬又把鐵鍊放在空筐中，再一次降到地面，公主坐了進去(這時筐的載重量是50+30=80公斤)，海喬(90公斤)坐在上面的筐裡，落到地面後，公主走出上面的筐子後，他也走出筐子。海喬第一個被救出。這時，留在筐中的鐵鍊，再次降到地面，這次又輪到侍女坐在上面的筐子裡落到地面，裝著鐵鍊的筐子回上來。

下一步是公主從上來的筐子裡取出鐵鍊，自己坐了進去，下降到地面，同時侍女升上來。等侍女走出筐子後，公主也走出筐子。

公主第二個被救出。最後侍女再把鐵鍊放進筐子，又把它降到地面，然後自己坐進升上來的空筐下降。到達地面後，就走出筐子，與海喬和公主會合，聰明的海喬就這樣逃出了大公的控制，和公主過上了幸福快樂的生活。

【數學加油站】找出藏匿的假金幣

趙芳家藏有9枚金幣，其中一枚是假的，爺爺讓她用天平秤兩次找出那枚假金幣。聰明的小芳很快就找出了那枚假金幣。你知道她是怎麼找的嗎？

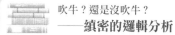

一點就通

　　把9枚金幣任意分成三組，每組3枚，取任意兩組放在天平上，如果兩邊一樣重則假金幣在第三組；如果一邊輕，則假金幣在輕的一邊。

　　從混有假金幣的一組中再任意選取兩枚，放在天平上，若兩邊平衡，則另一枚是假金幣；若一邊輕，則輕的一邊是假金幣。

勇闖生死門

　　在過去，皇帝擁有對王國內一切生物的生殺大權。正因為擁有至高無上的權利，所以他們經常做出一些十分可笑的舉動。有這麼一位皇帝，他聽說王國內有一個人非常聰明，這讓他十分嫉妒，於是，他派人把這個聰明人關進一間房子裡。

　　這間房子有兩扇門。根據皇帝的規定，從其中某一扇門走出去，可以獲得自由；而從另一扇門走出，則將淪為奴隸。但是門上並不標記，所以很難斷定哪一扇門可以通往自由。

　　而且這間房裡還有兩個人，其中一個人說話句句是真，另一個人說話句句是假。但是，誰說假話，外表毫無跡象，真假難辨。

　　皇帝對聰明人說：「年輕人，你的命運掌握在自己手裡。你將獲得自由，或是成為我的奴隸，就看你選擇走哪一個門。在選擇之前，你可以在房間裡找一個人，向他提一個問題。如果你嚴格遵守規則，我必將兌現我的諾言。」

　　這個聰明人就是與眾不同，他稍微沉思了一下，果斷地走向一個人，向他提出一個問題。那人伸手指向一扇門。聰明人邁著堅定的步伐，走出門去，獲得了自由。

　　後來，人們談起這段往事，都說聰明人實在太幸運了，要知道能走向自由之門的人很少。這位聰明人卻說，是邏輯推理幫助了我。我並不知道我問的那個人是說真話的，還是說假話的，但是我知道，他指的門一定通向自由。因為我提出了一個非常巧妙的問題。

　　眾人都很好奇，在大家的追問下，聰明人終於說出了答案。原來他的問題是：「如果我向另外一位打聽，走哪扇門會成為奴隸，他將怎樣回答？」

　　倘若這位被問者是說真話的，那麼「另外一位」專講假話。

　　向說假話的人打聽，「走哪扇門會成為奴隸」，那人故意誤導，錯答成走向自由之門；而被問者講真話，他將如實轉告，指向自由之門。

　　倘若相反，被問者是說假話的，那麼「另外一位」只說真話。

　　向說真話的人打聽，「走哪扇門會成為奴隸」，那人實話實說，真的指出走向奴隸之門；而被問者講假話，他故意誤導，指向另外一扇，那正是自由之門。

　　人們終於明白，這個問題的妙處，在於真的問一位奴隸甲的時候，卻說「如果」問另外一位奴隸乙，一個問題同時涉及甲乙二人。這兩人說話一真一假，不管誰真誰假，組合起來，或者是真的假話，或者是假的真話，總而言之，必假無疑。結果是問死得生，問奴隸門得自由門。

　　最後，這個聰明人說：「問題繞彎，原理簡單。在數學上，常用1表示真，用-1表示假。兩數a和b中，一個是1，另一個是-1，但不知誰正誰負。那麼乘積的值可以確定，一定等於-1。『正負得負』，和『真假為假』一樣，可以將兩個不確定的條件組合起來，得到一個確定的結果。」

　　聰明人就這樣逃過了皇帝的算計。

【數學加油站】影子與謊言

　　道格拉斯先生租住在一所簡易寓所中，寓所有三間平房，每兩間房之間都用紙糊的隔屏隔開，每間房當中的屋頂上都分別安裝了一盞電燈，道格拉斯住在中間的房間裡。他因為一個案件受到警方懷疑，關鍵之處在於，晚上九點半時，他是否一個人在屋裡。道格拉斯一口咬定自己一個人在房間，兩邊的房客也分別說，那個

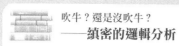
時間，的確在隔屏上只看到一個人影。

聽了這些說法，員警馬上認定道格拉斯說謊了，員警依據什麼做出判斷的呢？

一點就通

房中只有一盞電燈，一個人只有一個影子，不能夠同時出現在兩側的隔屏上。如果兩側的隔屏上同時出現一個人的影子，就可以斷定當時中間房子裡是兩個人。

娃娃島上的奇怪法令

　　大西洋的娃娃島是一座實行女性解放的小島，因此，女人也分君子、小人、凡夫。

　　話説公前1001年，剛繼位的維達女皇一時突發奇想，批准了一條非常奇怪的法令：君子必須跟小人通婚，小人必須跟君子通婚，凡夫只准跟凡夫通婚。這麼一來，不管是哪一對夫妻，要麼雙方都是凡夫，要麼一方是君子，一方是小人。某一年的「咖啡節」和「可可節」，娃娃島上發生了兩個故事：

　　《咖啡節的故事》

　　舞會上，有一對夫妻。A先生和A夫人，他們站在小舞臺上説了如下的兩句話：

　　A先生：我夫人不是凡夫。

　　A夫人：我丈夫也不是凡夫。

　　你能斷定A先生和A夫人是何種人？

　　《可可節的故事》

　　有A先生和A夫人、B先生和B夫人4個人，在「可可節」的舞會上，同坐在一張圓桌上喝酒。微醉時，4

個人中有3個人說了如下的三句話：

　　A先生：B先生是君子。

　　A夫人：我丈夫說得對，B先生是君子。

　　B夫人：你們說得對極了，我丈夫的確是君子。

　　你能斷定這4個人各是何種人？這3句話中，哪幾句是真的？

　　第一個故事：A先生不可能是小人，因為，如果那樣的話，他妻子應該是君子，不是凡夫，那A先生的話反倒會成了真的。

　　同樣，A夫人也不可能是小人。所以，他們也都不是君子(否則其配偶理應是小人)，可見他們都是凡夫，同時又都是在撒謊。

　　第二個故事：原來這四個人都是凡夫，三句話全都是謊話。首先，B夫人必定是凡夫。這是因為，假使她是君子，她丈夫應該是小人，既然她是君子，就不會謊稱自己的丈夫是君子。假如她是小人，她丈夫就該是君子，這時她也是不肯道破真情的。所以，B夫人是凡夫。因此，B先生也是凡夫。這意味著A先生和夫人都在撒謊。所以，他們都不是君子，也不可能都是小人，因此都是凡夫。

 【數學加油站】熱脹冷縮

接在電路上的整根鐵絲已經熱了。這時冷水滴在鐵絲的左端，那麼，鐵絲右端的溫度和剛才相比，會有什麼變化？

甲說：「右端的比剛才要冷！」

乙說：「不對，右端比剛才更熱！」

丙說：「右端溫度始終不變。」

你認為誰說得對呢？

 一點就通

乙說得對。

因為鐵絲左端遇冷之後，這整根鐵絲的電阻小了，電流更大，所以右端更熱。

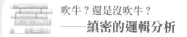

一封奇怪的來信

　　下面這道看上去有點古怪的題目取材於一個真實的故事。一家著名汽車製造公司的老總收到了一封奇怪的來信：

　　「這是我第四次寫信給您，而且如果您不給我回信，我也絲毫不會抱怨，因為我看上去肯定是瘋了，不過我向您保證，我所說的一切都是真的。

　　我們家多年來一直有一個傳統，就是每天晚飯後全家人要投票，選出用哪種霜淇淋作為當晚的甜點。然後，我就開車到附近的商店去買。

　　最近，我從貴公司購買了一輛新型號的汽車。此後怪事就來了，每次只要我去買香草霜淇淋，回來時我的汽車就會發動不起來。

　　而如果我買的霜淇淋是其他口味的，那就萬事大吉。不管您是不是認為我很蠢，但我真的想知道，為什麼會有這種怪事出現呢？」

　　汽車公司的老總對這封信的內容深表懷疑，不過他還是讓一位工程師過去看看究竟是怎麼回事。工程師剛

好在晚飯後來到寫信人的家裡。於是他們兩人一起鑽進汽車，開車到了商店。那天晚上那個男人買了香草霜淇淋，果然當他們回到汽車上之後，汽車有好幾分鐘都發動不起來。

工程師又接連來了三個晚上。頭一天，他們買了巧克力霜淇淋，汽車發動得很順利。第二個晚上，他們買了草莓霜淇淋，也沒有問題。第三個晚上，他們又買了香草霜淇淋，而汽車再次罷工了。

顯然，買香草霜淇淋和汽車發動不起來之間肯定有一種邏輯上的聯繫。你能想出這是怎麼回事嗎？

其實，之所以會發生這種怪事，是因為那個男人的汽車出現了汽封現象：有一部分汽油被汽化了，阻礙了油箱裡燃料的正常運行。

只有在冷卻足夠長時間後，發動機才會恢復正常。當那個男人開車去商店時，由於香草霜淇淋是商店裡最受歡迎的霜淇淋，所以被擺在最外面的位置，一下子就能拿到，這時汽車就因為沒有足夠的冷卻時間而發動不起來了。

而其他的霜淇淋則在商店裡面，需要花更多時間去挑選和付帳，從而使得汽車剛好可以順利發動。

【數學加油站】淘氣的蜜蜂

有兩個自行車運動員同一時間從甲乙兩會出發相對騎行。

當他們相距300公里的時候，有一隻淘氣的蜜蜂，在兩個運動員之間不停地飛來飛去。一直到他們兩個相遇了，它才安心地在一個運動員的鼻子上停下來。

蜜蜂是以每小時100公里的速度在兩個運動員之間飛了3個小時，在這段時間裡兩個自行車運動員的行駛速度都是每小時50公里。

蜜蜂一共飛了多少公里？

一點就通

蜜蜂沒有停過，整整飛了3小時，所以飛了300公里。

路標是真還是假

　　黃村、青埔和白集是某條公路沿線的三個村莊。一天，一個徒步旅行者來到了黃村，在這裡他看到一個路標，上面寫著：「至青埔4公里，至白集7公里。」他很受鼓舞，繼續朝前走。但是，當他走到青埔時，發現這裡的路標上寫著：「至黃村2公里，至白集3公里。」他知道肯定哪裡出了問題，因為兩個路標有矛盾的地方。他繼續朝前走，不久到達白集，這裡的路標上寫著：「至青埔4公里，至黃村7公里」。

　　這個旅行者感到很困惑，他就此詢問一個過路的老人。老人告訴他，沿途的這三個路標，其中一個寫的都是真話，另一個寫的都是假話，剩下的那一個寫的一半是真話，一半是假話。

　　你能指出哪塊路標寫的都是真話，哪塊路標寫的都是假話，哪塊路標寫的一半是真話，一半是假話嗎？運用邏輯來分析，白集的路標上都是真話；黃村的路標上一句是真話，一句是假話；青埔的路標上都是假話。

　　我們把路標的資訊分析如下：

黃村：黃村-青埔間4公里，黃村-白集間7公里；
青埔：黃村-青埔間2公里，青埔-白集間3公里；
白集：黃村-白集間7公里，青埔-白集間4公里。

依據旅行者的經歷可以知道，這條路線依次經過黃村、青埔、白集三個城市，且(黃村-白集)=(黃村-青埔)+(青埔-白集)，不難得出，黃村-白集間應為7公里、青埔-白集間應為4公里、黃村-青埔間應為3公里。

【數學加油站】猜一猜桌上的牌

桌上放著紅桃、黑桃和梅花三種牌，共20張。

甲說：桌上至少有一種花色的牌少於6張。

乙說：桌上至少有一種花色的牌多於6張。

丙說：桌上任意兩種牌的總數將不超過19張。

那麼你認為他們三人誰說的正確呢？

一點就通

乙、丙說的正確。

20的平均數約是6，三種牌不可能都少於6張，至少有一種會超過6張；數量最少的牌至少有1張，所以任意兩種牌的總數都不能超過19張。

他是不是在吹牛

一天，凱恩收到了朋友布朗先生的一封信。

正在國外旅遊的布朗先生在信中說：今天，是我來到以色列的第5天。我昨天去了以色列與約旦接壤的國界附近，在那裡有一個湖泊，我在湖中痛痛快快地游了一次泳。

以前，朋友們總嘲笑我是一隻旱鴨子，但這次我的表現肯定會讓你們大吃一驚！我既能游自由式，又能游仰式、蝶式。我發現游泳真的是一種很棒的享受。當我伸張四肢，漂浮在湖面上，仰望著藍天、白雲的時候，我感覺簡直像進了天堂般美妙。我還吸了一口氣，潛入到水下。你肯定想不到我下潛得有多深。事後，我才知道我下潛的深度竟然已經達到了海平面以下390米，而且我沒有使用任何的潛水工具。

你一定認為我是在撒謊，但我可以保證我所說的是千真萬確的，只不過在游完泳後，我的皮膚粗糙了很多……

看了信上的內容，凱恩確實認為布朗先生在撒謊，

他只不過在吹牛而已。

現在，請你判斷一下，布朗先生到底有沒有吹牛呢？

布朗先生沒有吹牛，就像他所說的一樣，這確實是千真萬確的。因為他游泳的湖泊是死海。死海是世界上含有鹽分最多的湖泊，甚至比海水還鹹得多，所含鹽分幾乎是一般海水的7倍，所以浮力很大，人在死海中根本不會下沉。

但正因為湖水含鹽分高，對皮膚有一定的傷害。而且，死海還是海平面最低的湖泊，比海平面低390米，所以只要下潛一點點，就到了海平面以下390多米了。

【數學加油站】誰說的是真話

甲、乙、丙三人共做一道邏輯題，核對答案後，甲說：「我做錯了。」

乙說：「甲做的對。」

丙說：「我做的不對。」

由於都沒有把握，於是去請教邏輯老師。

老師看完他們的答案，又聽了三人的話，對他們說：「你們三人的話與答案只有一個人是對的。」

那麼下面四個選項中哪個是正確的：

A、甲的話對，丙的答案對

B、甲的話對，乙的答案對

C、乙的話對，甲的答案對

D、丙的話對，乙的答案對

一點就通

A、本題可以先應用矛盾關係解題，甲和乙的話是矛盾關係，必有一真一假，所以丙說的就是假的，說明丙的答案對；所以甲的答案就錯了，說明甲說了真話，因此選擇A。

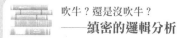

華盛頓智擒盜賊

華盛頓小時候就聰明過人，在他家鄉威斯特摩蘭至今還流傳著他智捉盜馬賊的故事。

有一天，村裡一個獨居老爺爺的馬被人偷走了。村民們幫忙四處尋找，終於在牲口市場上找到了那匹馬。可是，盜馬賊死活不承認這是偷來的馬。

由於馬的主人這時又拿不出有力的證據來，盜馬賊反咬一口，說村民們誣陷他，說著騎上馬就想溜。這時，華盛頓趕來了。他用雙手分別蒙住馬的眼睛，緊接著問了盜馬賊幾個問題，很快就誘使盜馬賊在眾人面前原形畢露，只好承認自己的醜行。那麼你知道他問了什麼問題嗎？

原來，華盛頓用雙手分別蒙住馬的眼睛，問盜馬賊：「你說這馬是你的，那你說這匹馬哪隻眼睛是瞎的？」盜馬賊愣住了，他可沒有注意馬的眼睛呀，他只好瞎猜：「是左眼。」華盛頓馬上放開左手，馬的左眼明亮有神，一點也沒瞎。

盜馬賊一看，馬上改口說：「我記錯了，是右

眼。」華盛頓又把右手放開，馬的右眼同樣也是明亮有神，根本也沒瞎。

盜馬賊無話可說，只得低頭認罪。

【數學加油站】玩乒乓球

麗麗一直吵著要強強陪她一起打乒乓球。強強被吵得實在受不了，於是想了一個妙計：「麗麗，這袋子裡放了兩個乒乓球。如果你拿到黃色的，我陪你玩，但如果拿到白色的，你就要放棄了，而且不能再吵我！」

麗麗的眼睛頓時亮了起來，但此時卻瞥見轉過身的強強放了兩個白色乒乓球進去。那麼，不論她拿到哪一個都會是白色的。

請問，麗麗是不是沒法讓強強陪她一起乒乓球了？

一點就通

當然不是。麗麗從袋子裡拿出一個乒乓球之後，立刻藏在身後。強強肯定要求麗麗把它拿出來，而此時麗麗就說：「我有沒有拿出來沒有關係，只要看看袋子裡留下的是什麼顏色的乒乓球，就知道我手裡拿的是什麼顏色的了。」這樣強強就無話可說了，只好和麗麗一起打乒乓球。

烤麵包的最快方法

苗苗非常喜歡吃麵包，每天早晨，媽媽都會幫她烤麵包吃。

苗苗家裡有一個老式的烤麵包機，一次只能放兩片麵包，每片只能烤一面。要烤另一面，就得等取出麵包，再把它們翻個面，然後再放回到烤麵包機中。烤麵包機對放在它上面的每片麵包，正好要花1分鐘的時間才能烤完一面。

一天早晨，媽媽要烤3片麵包，兩面都烤。苗苗媽媽不喜歡動腦子，她用一般的方法烤那三片麵包，結果花了4分鐘，這讓苗苗爸爸很想對媽媽表達自己的看法。

「親愛的，你可以用少一點的時間烤完這3片麵包。」他幽默地說，「這樣既可以省時間，也能省不少電呢！」

苗苗想爸爸說得對不對？如果他說得對，那媽媽該怎樣才能在不到4分鐘的時間內烤完那3片麵包呢？

終於，苗苗發現了其中的奧祕：用3分鐘的時間烤

完3片麵包是完全可以的。

　　把3片麵包叫做A、B、C。每片麵包的兩面分別用數字1、2代表。烤麵包的程式是：

　　第一分鐘：烤A1面和B1面。烤完後，把B換一面，把A取出換上C。

　　第二分鐘：烤B2面和C1面。烤完後，把C換一面，把B取出換上A。

　　第三分鐘：烤A2和C2。這樣，3片麵包的每一面都烤好了。

　　苗苗把自己想到的方法告訴了爸爸，結果贏得了一次週末登山的機會。這讓她大為高興，思考真是樂趣無窮！

【數學加油站】是真還是假

　　桌子上有4個杯子，每個杯子上寫著一句話：

　　第一個杯子：所有的杯子中都有水果糖。

　　第二個杯子：本杯中有蘋果。

　　第三個杯子：本杯中沒有巧克力。

　　第四個杯子：有些杯子中沒有水果糖。

　　如果其中只有一句真話，那麼以下哪項為真話？

　　A、所有的杯子中都有水果糖。

B、所有的杯子中都沒有水果糖。

C、所有的杯子中都沒有蘋果。

D、第三個杯子中有巧克力。

一點就通

第一個杯子上的話與第四個杯子上的話矛盾，必為一真一假。則按題做，第二個杯子與第三個杯子為假。即第二個杯子中沒有蘋果，第三個杯子中有巧克力。所以正確選項是D。

到底是誰占了便宜

有一天，老闆心情特別好，就對他的速記員說：「現在，我已經決定把你的薪資每年提高100美元。從今天開始的一年中，將以一年600美元的標準每週付給你薪資；下一年的標準是700美元，再下一年是800美元，如此下去，每年都增加100美元。」

「因為我的心理承受力很脆弱，」這位心存感激的年輕雇員回答說，「我提議讓變化不要過於突然，這樣保險些。薪資從今天開始是一年600美元的標準，正如已經提出的那樣。但是，在6個月之後把年薪提高25美元，並且只要我的服務能令人滿意，以每6個月幫我增加25美元年薪的方式繼續下去。」

老闆對他微微一笑，表示接受這一修正。結果，老闆因為接受雇員的建議而占了一個小便宜。

你能說出其中的道理嗎？在這個速記員薪資的問題中，他第一年比老闆的方案多得了12.50美元，但在這之後，就受損失了。也許有些人會錯誤地在每6個月之末把每次的提薪額全加上去，殊不知，薪資的每次增加

是以年薪提高25美元為基準的，也就是説每6個月只能增加12.50美元。按照老闆的方案，每年提高100美元，在5年中給這位雇員的當然是600美元加700美元加800美元加900美元加1000美元，共計4000美元。

而按照速記員的建議，可以如下計算：

第一個6個月…………………300.00美元　600美元(年薪標準，下同)

第二個6個月………………312.50625

第三個6個月………………325.00650

第四個6個月………………337.50675

第五個6個月………………350.00700

第六個6個月………………362.50725

第七個6個月………………375.00750

第八個6個月………………387.50775

第九個6個月………………400.00800

第十個6個月………………412.50825

總共：3562.50。

與老闆的提案所能帶來的4000美元的總收入相比，雇員當然是吃了虧。老闆則因為接受雇員的建議反而占了便宜。

【數學加油站】「搶30」遊戲

有一種叫「搶30」的遊戲。遊戲規則很簡單：兩個人輪流報數，第一個人從1開始，按順序報數，他可以只報1，也可以報1、2。第二個人接著第一個人報的數再報下去，但最多也只能報兩個數，而且不能一個數都不報。

例如，第一個人報的是1，第二個人可報2，也可報2、3；若第一個人報了1、2，則第二個人可報3，也可報3、4。接下來仍由第一個人接著報，如此輪流下去，誰先報到30誰勝。

甲很大方，每次都讓乙先報，但每次都是甲勝。乙覺得其中肯定有問題，於是堅持要甲先報，結果幾乎每次還是甲勝。你知道甲必勝的策略是什麼嗎？

一點就通

甲的策略其實很簡單：他總是報到3的倍數為止。如果乙先報，根據遊戲規定，他或報1，或報1、2。若乙報1，則甲就報2、3；若乙報1、2，甲就報3。接下來，乙從4開始報，而甲視乙的情況，總是報到6為止。

依此類推，甲總能使自己報到3的倍數為止。由於30是3的倍數，所以甲總能報到30。

Chapter 02
黃金藏在哪個箱子裡
——巧妙的推理

Stories about Mathematics

你能找出
哪一個是寶箱嗎

　　阿不拉不僅是個專業小偷，更是一名膽大妄為的冒險分子。有一次，他到德國旅行，途中意外拾獲一張藏寶圖。於是，在藏寶圖的指引下，他來到了海德堡，並且如願闖入一個古老而神祕的地窖中。地窖內有兩個奇怪的大箱子，以及一張佈滿灰塵的字條。

　　字條上面清楚地寫道：我生前所掠奪的寶物都放在其中某個箱子裡，但我希望將這些寶物傳給真正有智慧的人──換句話說，閣下若開對箱子，自可滿載而歸，萬一開錯了，就得跟我一樣，永遠長眠於地底之下了。

　　阿不拉緊接著發現，兩個箱子上也分別貼有字條。

　　甲箱：「乙箱的字條屬實，而且所有金銀財寶都在甲箱內。」

　　乙箱：「甲箱的字條是騙人的，而且所有金銀財寶都在甲箱內。」

　　當下，阿不拉愣在原地，百思不得其解。然而，問題真有那麼嚴重嗎？真有想像中那麼困難嗎？你可否幫阿不拉決定打開哪個箱子呢？

經過推理，可以知道金銀財寶藏在乙箱內。推理步驟如下：

如果甲箱的字條屬實，那麼「乙箱的字條屬實，而且所有金銀財寶都在甲箱內」的兩個陳述也都是真的。

若乙箱的字條屬實，那麼「甲箱的字條是騙人的，而且所有金銀財寶都在甲箱內」的前一個陳述，也就是「甲箱的字條是騙人的」這個陳述顯然違反了之前的假設，所以不能成立。

由此可進一步推論，甲箱的字條是假的，即其中至少有一個陳述並不屬實(可能是前面的句子，也可能是後面的句子)。若「乙箱的字條是騙人的」，則表示甲箱的字條是真的，但這個理論又已經證明不成立了。因此，所有的金銀財寶一定都藏在乙箱內。

【數學加油站】貪心的服務員

甲、乙、丙三人各要了一間房，每一間房10元，因此他們一共付給了老闆30元。後來，老闆給他們優惠，三間房只收25元，便叫服務員退回5元給三位客人。誰知服務員貪心，只退回每人1元，自己偷偷拿了2元，這樣一來便等於那三位客人每人各花了9元。

三個人住宿花了27元，加上服務員獨吞的2元，總

共是29元。

可是，當初他們三人一共付的是30元，那麼還有1元到哪兒去了？

一點就通

其實旅客總共只花了27元，這27元包含了服務員私吞的2元和老闆實收的25元，其餘3元是退回來了。他們三個人總共花的27元裡面已經包括了服務員的2元，所以不能把這2元和總共花的錢加起來。

因此，結論是：實際上並沒有花30元。每人付了9元，總共只有27元，老闆得了25元，服務員得了2元，不存在少了1元的説法。

漢斯的賺錢妙計

六百多年前，現在的德國由許多小公國分割佔領，各自為王。每個公國都由一個國王統治。有兩個相鄰的公國，一開始，他們的關係很好，在兩國互相做生意的時候，貨幣都是通用的。就是說，A國的100元，可以兌換B國的100元。

可是，後來情況發生了變化，兩個公國不久因為一些矛盾，關係緊張了起來，兩國國王誰也不肯相讓。於是，A國國王下了一道命令：B國的100元只能兌換A國的90元。B國國王聽說了，心想你不仁我也不義，也下了一道命令，宣佈A國的100元也只能兌換B國的90元。

當時有位聰明的人，叫做漢斯，他看到兩國關係緊張，對兩國的安定非常不利，而且他認為，這樣兌換雙方貨幣的方法，是非常愚蠢的。於是，他想了一個辦法，要促使兩國重新友好。

他先來到A國，對國王說：「陛下，這樣的決定太愚蠢了，如果陛下肯給我100元錢做本錢的話，我只要稍稍跑跑腿，就可以賺來大錢。」A國國王當然不信，

不過他知道漢斯是有名的聰明人，也許他會有什麼驚人之舉也說不定。於是就給了他A國的貨幣100元，看他到底能賺到什麼大錢。漢斯接著來到B國，又把那番話對B國國王說了一遍，B國王同樣將信將疑，不過也把錢給了他。

漢斯拿到兩國的貨幣各100元，便開始了他賺錢的旅程。他先是用A國的鈔票100元在A國購買了價值10元的貨物，而在找錢的時候，他對賣主說，自己要到B國去，要求賣主找給B國的鈔票，因為這時A國的90元等於B國的100元，所以賣主就找給他一張100元的B國鈔票。再加上漢斯原有的100元B國鈔票，這時他共有200元。

然後他又來到B國，用那200元購買了20元貨物，再要求找回A國鈔票，而因為B國的90元兌換A國的100元，這樣他又用B國的180元換得了A國200元，然後又回到A國。這樣一來一往，他賺得了A國10元、B國20元的貨物，而原有的錢卻還保持著200元。

再往後，漢斯仍然照此行事：他在A國再用200元購買20元的貨物，換得200元B國鈔票；再在B國購買20元貨物……每一次結束，他手裡永遠有200元其中一國的鈔票，而且會在兩國各賺下價值20元的貨物。

就這樣，沒有幾天，漢斯就發了一大筆財。他把賺

來的財物分別給兩國國王看。

兩國國王看後，都大為震驚，意識到以前宣佈的兌換貨幣命令的錯誤，於是，就把它取消了。從此，兩個國家又像以前那樣親密了。

如果沒有漢斯，兩國國王都不會意識到自己的做法是多麼愚蠢。認真分析一下漢斯的做法，不難發現，邏輯、推理是漢斯達到目的的關鍵。

【數學加油站】推斷出每個人的專屬車

艾麗絲家有4輛車，一輛跑車、一輛轎車、一輛體育用車、一輛皮卡小貨車。四輛車的顏色不同，每個家庭成員都有一個常用的車。

根據下面的五句話，請你判斷出這四輛車各是什麼顏色的，每個家庭成員常用的是哪一輛車？

一、爸爸開一輛白色的車上下班，那輛車不是轎車。

二、皮卡小貨車的行駛里程不如黃車，也不如白色的或者綠色的車。

三、艾麗絲開著上學的車不是跑車。

四、那輛綠色的車只有在老爺車展覽時才有用。

五、媽媽喜歡開那輛紅色的車子。

一點就通

在第一句話中，爸爸開的白色車不是轎車。第二句話和第五句話可以看出，媽媽開的是紅色的皮卡小貨車。根據第三句話，艾麗絲開著上學的不是跑車。而第四句話說明，艾麗絲只有兩輛車可選擇，一輛體育用車，一輛轎車，那麼，她開的一定是體育用車。老爺車是綠色的，那輛體育用車肯定是黃色的。

所以爸爸常用白色跑車，媽媽常用紅色皮卡小貨車，艾麗絲常用黃色的體育用車，多餘的車是綠色的轎車。

不幸中計的諜報員

祕密諜報員成鋒來到夏威夷度假。這天，他在下榻的賓館洗澡，足足泡了20分鐘後，才拔掉澡盆的塞子，看著盆裡的水位下降，在排水口處形成漩渦。漂浮在水面上的兩根頭髮在漩渦裡好像鐘錶的兩個指針一樣，由左向右旋轉著被吸進下水道裡。

從浴室出來，成鋒邊用浴巾擦身，邊喝著服務員送來的香檳酒，突然感到一陣頭暈，隨之就睏倦起來。這時他才發覺香檳酒裡放了安眠藥，但為時已晚，酒杯掉在地上，他也失去了知覺。

不知睡了多長時間，成鋒猛地清醒過來。發覺自己被換上了睡衣躺在床上。床鋪和房間的樣子也完全變樣了。他從床上跳下找自己的衣服，也沒找到，只有一件寬大的新睡衣搭在椅背上。

「我這是在哪裡呀！」

梳妝臺上放著一張紙，上面寫著：「我們的一個工作人員在貴國被捕，想用你來交換。現正在交涉之中，不久就會得到答覆的。望你耐心等待，不准走出房間。

吃的、用的房間內一應俱全。」

　　成鋒立刻思索起來。最近，國內情報總部的確祕密逮捕了幾個敵方間諜。

　　其中與自己能對等交換的只有兩個人，一個是加拿大的，另一個是紐西蘭的。那麼，自己現在是在加拿大呢，還是在紐西蘭呢？

　　房間和浴室一樣都沒有窗戶，溫度及濕度是空調控制的。他甚至無法分辨白天還是黑夜。真像置身於太空船的密封室裡一樣。

　　飯後，成鋒走進浴室，泡了好長時間，他拔掉塞子看著水位下降。他見被擦掉的胸毛有兩三根在打著漩渦由右向左逆時針地旋轉著被吸進下水道。他突然想到了在夏威夷賓館裡洗澡的情景，情不自禁地嘀咕道：「噢，明白了。」

　　你知道成鋒被監禁在什麼地方了嗎？證據是什麼？

　　透過常識來推理，成鋒應該是被監禁在紐西蘭。因為在北半球的夏威夷賓館裡，拔下澡盆的塞子，水是由左向右呈順時針方向旋轉流進下水道的。而在這個禁閉室，水是由右向左逆時針方向流下去的。所以，成鋒被監禁的地方應該是在位於南半球的紐西蘭。

【數學加油站】今天是星期幾

許多小朋友都不喜歡去幼稚園，妞妞也一樣。她天天盼著星期天，於是，她非常關注星期幾的問題。

今天，她又問爸爸：「爸爸，今天是星期幾？還有幾天過星期天啊？」爸爸想了想說：「如果後天是昨天的話，今天和把前天當作明天的今天天數正好相等，還會經過一個星期天呢。」

妞妞更暈了，你能告訴她今天星期幾嗎？

一點就通

今天是星期四。

也就是說，後天是星期六。後天是昨天的話，今天就是星期日。前天是星期二，前天是明天的話，今天就是星期一。

星期一和星期四，星期四和星期日，間隔都是兩天。

請柬的妙用

二戰期間，德國一支侵略軍侵佔了法國的一個小鎮。德國軍隊的指揮官準備在指揮部宴請各界人士。

這次宴會做了周密的安全工作。頒發的請柬是兩張相同的紅票連在一起，賓客在進第一道崗哨時，撕去一張紅票，另一張則在進指揮部時交給守衛。

如果有事外出，則發給一張「特別通行證」，憑此證進出第一道崗哨，只要給哨兵看一下，進指揮部時才收走。

為了打擊敵人，法國遊擊隊想辦法弄到兩張請柬。他們準備安排三個人進入敵人內部，然後又安排十九個遊擊隊員通過第一道崗哨，埋伏在指揮部外。

可是只有2張請柬，他們怎樣做才能讓這些人到達自己的指定位置呢？

聰明的遊擊隊員是這樣做的：

先安排甲、乙、丙三人持兩張請柬進入指揮部。

甲先拿一張請柬進指揮部，然後藉口有事外出，領取一張「通行證」。

接著乙再用甲拿出的「通行證」進入第一道崗哨，進入指揮部時用掉另一張請柬的一半紅票，然後也藉口有事外出，領取一張「通行證」。這時乙的手中就有一張請柬的另一半紅票和兩張「通行證」。

丙也用乙的方法獲取了一張「通行證」。

憑這三張「通行證」，遊擊隊員每批通過第一道崗哨三個人，再出來一個人，最終將十幾個人全部帶過了第一道崗，埋伏起來。

最後，甲、乙、丙三個人用「通行證」進入指揮部，交回「通行證」。所有人都到了自己事先安排的位置，為裡應外合打擊敵人做好了準備。

【數學加油站】愛說謊的姐妹

有姐妹二人，一胖一瘦，姐姐上午很老實，一到下午就說假話；妹妹則相反，上午說假話，下午卻很老實。有一天，一個人去看她倆，問：「哪位小姐是姐姐？」

胖小姐回答說：「我是。」

而瘦小姐回答說：「是我呀。」

再問一句：「現在幾點鐘了？」

胖小姐說：「快到中午了。」

瘦小姐卻說：「中午已經過去了。」

請問，當時是上午還是下午，哪一個是姐姐呢？

 一點就通

假設當時是下午，可下午姐姐是說假話的，那麼姐姐(雖然還不清楚哪一個是)理應說出：「我不是姐姐。」但沒有得到這樣的回答，因此，顯然是上午。

只要把上午的時間定下來，那麼說真話的就是姐姐，由此可知，胖小姐是姐姐。

這類問題，只要掌握推理的結構形式就能解決。如果能夠找到突破口，那就更容易解決了。

一根稻草背後的真相

　　美國GH公司的經理金斯先生從巴黎返回三藩市，他從機場直接回到公司，剛剛走進辦公室，女祕書就跟進來說她女兒今天生日，特來請假回家。

　　金斯掏出錢夾，從裡面抽出20美元，讓她給女兒買件生日禮物表示祝賀，順手將錢夾放在桌上，然後打了幾個電話，處理了這幾天積壓的工作，辦公室裡來人不斷。

　　處理完工作，回到家時，發現自己的錢包遺忘在辦公室了。他急忙返回公司，這時離下班還有10分鐘，全體員工仍在工作，金斯先生推開辦公室的門，錢包還放在桌上，但裡面1.9萬美元和各種證件不翼而飛了。

　　金斯先生趕緊給他的好友勞思探長打電話，請他來幫助找回丟失的錢物。不一會兒，勞思趕到公司，說有辦法找到竊賊。他將所有的員工召集起來，說：「今天你們的老闆放在辦公桌上的錢包裡的錢和證件被人偷走了，遺憾的是竊賊不知道這是金斯先生設下的一個圈套，他想藉此考察公司職員的忠誠。現在已經知道這個

竊賊是誰了。」

金斯接過話說：「我請勞思探長來的目的，不僅要這個賊當眾出醜，而且讓大家明白法律對盜竊罪的嚴屬懲處。」話音剛落場內一片喧嘩。

勞思探長又說道：「現在我給每人發一根稻草，只有一根稍長一些，金斯先生已暗示我把這根發給那個竊賊，你們互相比比稻草的長短，就知道誰是竊賊了。」

不一會兒，果真找出了竊賊，並從他的櫃子中搜出了遺失的錢和證件。

勞思是怎樣找到竊賊的？

原來員工們的稻草是一樣長的。勞思故意說有一根稍長一些，小偷做賊心虛，怕當眾出醜，就把自己的稻草掐去一截，這樣唯有他的那根稻草比別人短一截，正好露出了馬腳。

【數學加油站】警長的反問

警長在旅館附近的湖邊思考問題。天氣很冷，達到了攝氏零下五度。突然，一個渾身濕透的男子上氣不接下氣的向他跑來，喊道：「先生！快去救救我的朋友吧！我們剛才在湖面上溜冰，冰面突然破裂，結果他掉了下去。我跳下去撈了半天，卻什麼都沒撈著。」

　　警長趕緊回旅館找員警幫忙。從旅館到出事地點有1000米的距離，等他們趕到那裡時，只發現在裂洞旁邊有一雙溜冰鞋。

　　那人解釋說：「當時我剛把鞋脫掉，毛毛說，還要再玩一會兒。」

　　警長說：「別再隱瞞了，談談你是怎麼害死你的朋友的吧！」

一點就通

　　當時氣溫是零下5攝氏度，任何一個人從1500米外的湖邊跑到旅館最快也要5分鐘，那個人衣服上的水早該結冰了。可見他是在害死朋友後，回到旅館附近在身上灑了一些水，妄圖蒙混過關。

你能發現
考卷裡的錯誤嗎

　　鐘斯在員警學院當學員。他以《販毒犯》為題寫了一份案例。內容如下：

　　某日中午，太陽當空照，在湖上留下長長的樹影。馬捷和沙多把一艘預先準備好的小船推進了湖。他們順著潮流漂向湖心，這個湖是兩個毗鄰國家的界湖，由地下湧泉補充水源，不會乾涸。馬捷和沙多多次利用這個界湖做著走私的勾當。

　　他們在湖心釣魚，不時能釣到一些海鱒，把內臟挖出，然後裝進袋裡。夜幕降臨，四周一片漆黑，兩人把小船快速划到對岸，與接應人碰頭。然後一起把小船拖上岸，朝天翻起，船底裝著一個不漏水的罐子。他們把小包毒品放在裡面。他們做得相當順利，午夜剛過10分鐘，便開始往回划，在離開平時藏船處以北半公里的地方靠岸。兩人將100包毒品取出平分了。5分鐘後，一支海關巡邏隊在午夜時分發現這條船時，沒有引起絲毫懷疑。但當他倆回到鎮上時，撞上了巡邏的員警，馬捷和沙多被緝拿歸案了。

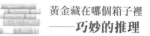
哈萊金探長看完後，大笑著說：「這張考卷裡錯誤百出，鐘斯應該留級才對。」

你能發現這張考卷裡有多少處錯誤？

這張考卷裡的錯誤還真不少，至少有三處。第一處，中午，當太陽高懸天空中時，不論樹木多高多矮，都不會有陰影；第二處，水源靠地下湧泉補充的湖是沒有潮流的；第三處，海鱒是海水魚，所以不可能在湖裡釣到；販毒犯開始往回划時是「午夜剛過10分」，因此「午夜時分」，巡邏隊不可能在對岸發現他們的船。

【數學加油站】企鵝的功勞

1989年，我國科學考察船駛到了南極。冰原無邊無際，根本找不到陸地。正在傷腦筋時，科考隊員捉到了一隻企鵝，宰殺時發現企鵝的嗉囊裡有一塊石子，科考隊員高興地喊了起來：「找到陸地了！找到陸地了！」你知道這是為什麼嗎？

一點就通

因為企鵝潛水本領不大。牠嗉囊裡的石子，不可能是從海底銜上來的。唯一的可能是附近有陸地，企鵝在那裡吃的石子。

這樣分西瓜才最公平

星期天的中午，趙可哥和孫鍇洋去植物園看花展。天氣很熱，他們走在路上非常渴，突然前邊出現一片西瓜田，兩人一齊跑向看守瓜田的小房子。

有一位老農在那裡擺著幾個西瓜。他們向老農說明來意，然後問了價錢。除了回去的車票和植物園的門票，他們的錢只夠買一個西瓜。

兩人把買到的西瓜抱到一棵大樹下，趙可哥拿著借來的水果刀，傻笑著對孫鍇洋說：「洋洋，這次我來分西瓜吧。以前都是你做主，今天也該我做主一次了。」

孫鍇洋一看他那模樣，就明白趙可哥是想給自己多分一點，心裡當然不願意了。

這麼熱的天，誰都想要那塊大一點的西瓜，所以他趕緊說：「不行不行，我是班長，你要聽我的，我來分。」

趙可哥當然不肯答應，於是兩個人就爭執了起來，誰也不肯讓步，西瓜也就一直放在旁邊。

賣瓜的老農在一旁聽了，心想，這兩個人怎麼連個

西瓜也切不好。老農靈機一動，想了個辦法，他走上前去，對孫鍇洋和趙可哥說：「兩位不要吵了，我有一個辦法，保證你們滿意。」

兩個人聽了，半信半疑。

老農接著說：「你們兩人，一個切西瓜，把西瓜切成兩半，另外一個負責分切好的西瓜。」

「就這麼簡單？這樣就能讓我們兩個人都滿意？」

「沒錯，你們試試。」

於是，趙可哥切瓜，孫鍇洋分瓜。

趙可哥拿過西瓜，心想，如果我切得一塊大一塊小，那麼洋洋一定會拿大的，不行，我得把兩塊切得一樣大。

孫鍇洋則想，不管趙可哥怎麼切，我只拿那塊大的。於是，趙可哥把瓜切成了大小相等的兩塊，孫鍇洋只能任意挑其中的一塊。

這樣，兩個人分的瓜一樣大，沒有誰吃了虧或佔便宜。兩人都高興地離開了。

也許你要說：「哪有這麼麻煩，兩個人商量好了各分一半就行了。」但是在現實世界中往往不會這麼簡單。

如果一個人既負責切西瓜又負責分西瓜，那他肯定會把其中一塊切得儘量大並且留給自己，這樣對另外一

個人就不公平了。

　　一個人切，另一個人分就是要給兩個人相同的權力，不會因為一個人的權力過大而影響另外一個人的利益。

　　這叫做「現實世界遊戲的公平性原則」。給每個人相同的權力和機會，這樣大家才能和睦相處，各自獲得應得的利益。「遊戲公平性的原則」已經廣泛地應用於商業活動中了。

【數學加油站】綁架犯是誰

　　一位富商的兒子被綁票了，綁匪給富商打來了電話：「你兒子在我手裡。想要他活著回去，就準備5萬美元贖金，要舊的百元紙幣，包成一個包裹，在明天上午郵寄到查爾斯頓市伊莉莎白街2號，西迪‧卡塞姆收。必須按照我說的辦，如果你報警，當心孩子的命！」

　　富商非常驚慌，為了保全兒子的生命，他只得向偵探波洛求救，請他幫忙。於是，波洛乘飛機來到查爾斯頓市，準備尋找線索。令他感到意外的是，綁匪所說的地址和人名都是虛構的。

　　難道綁架犯不要贖金了嗎？絕對不可能。可是，既

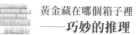
然地址和人名都是錯誤的,他怎麼可能拿到錢呢?

　　波洛苦思冥想,突然他靈機一動,知道是誰幹的了。第二天,他捉到了那綁匪,救出了被挾持的小孩。

　　你能推理出綁匪是誰嗎?

一點就通

　　綁匪是郵局分管富翁所在地區投遞工作的郵遞員。在郵局裡,郵件分揀後由郵遞員送到每家郵箱裡。如果地址錯誤,郵遞員會把郵件退回去。能拿到這個地址錯誤的郵件的人,只有郵遞員。

田忌賽馬為什麼能贏

戰國時，齊國權貴之間流行賽馬。齊威王常常和將軍田忌賽馬賭博。他們每人都有上、中、下三等馬，比賽的時候，上等馬對上等馬，中等馬對中等馬，下等馬對下等馬，每一匹馬賭一千兩黃金。

田忌每個等級的馬都要比齊威王的差一點點，所以每次賽馬他總是連輸三局。每次都輸掉三千兩黃金，田忌有點吃不消，可是又不敢不跟齊威王賽馬。

這一天，田忌的好朋友孫臏來拜訪，田忌把自己的苦惱告訴了孫臏。孫臏想了想，拍拍田忌的肩膀，說：「老兄放心，我有辦法讓你贏。」田忌半信半疑，孫臏湊在他的耳邊，說了幾句悄悄話。田忌有點明白了，連連點頭。

賽馬又開始了。第一場齊威王派出了上等馬，孫臏讓田忌先出下等馬，這樣齊威王就很輕易地贏了一場。齊威王得意洋洋地看了田忌一眼，心想：三千兩黃金又到手了。

第二場，齊威王派出了中等馬，田忌聽從孫臏的建

議，派出了上等馬。經過激烈地比賽，田忌的馬贏了，齊威王大吃了一驚，有點坐不住了。

最後一場，齊威王的下等馬對田忌的中等馬，田忌輕鬆取勝。整場比賽，田忌兩勝一負，非但沒有再失利，反而贏了齊威王一千兩黃金。

田忌反敗為勝，齊威王非常驚訝。田忌趁機向他推薦孫臏。齊威王很欣賞孫臏，封他為軍師。後來，孫臏為齊國打了很多勝仗，立下許多汗馬功勞。這個故事非常有名，其實，這當中也運用了數學邏輯推理的方法。這個方法在以後的軍事鬥爭中也發揮了重要的作用。

 【數學加油站】做好事不留名

A、B、C、D 四個同學拾獲一支手機，交給了老師，但誰都不說是自己撿到的。

A說：「是C撿到的。」

C說：「A說的與事實不符。」

又問B，B說：「不是我撿到的。」

再問D，D說：「是A撿到的。」

現在已知他們中間有一人說的是真話。你能判斷出誰才是那個撿到手機的人嗎？

一點就通

　　因為已知這四人中只有一人說的是真話，所以可推理如下：假如A說的是真話，那麼B說的也是真話，與條件不符，排除了C撿到的可能性。

　　同理，D說的不是真話，故手機也不是A撿到的。這就只剩下C和D了。假如是B撿到的，則C與B說的都是實話，也與條件不符。

　　由此可見，手機一定是B撿到的。這樣，只有C說的是真話。

長頸鹿根本就不會嘶鳴

　　在一個藍色的、明亮的夜晚，大偵探羅波正駕著一輛小轎車在郊外的大道上飛馳。

　　在明亮的車前大燈的照耀下，他猛然發覺有個男子正匆匆地穿越公路，只得「嘎」地一下急剎住車。

　　那男子嚇得像定身法似的在他的車前站住了。

　　羅波跳下車關切地問道：「您沒事吧？」

　　那人喘著粗氣說：「我倒沒事。可是那邊有個人正倒在動物園裡，他恐怕已經死了，所以我正急著要去報案。」

　　「我是偵探羅波，你叫什麼名字？」

　　「查理‧泰勒。」

　　「好，查理，你帶我去看看屍體。」

　　在距道路大約一百米處，一個身穿警衛制服的男子倒在血泊之中。

　　羅波仔細驗看了一下說：「他是背後中彈的，剛死不久。你認識他嗎？」

　　查理說：「我不認識。」

「請你講講剛才所看到的情況。」

「幾分鐘前，我在路邊散步時，一輛汽車從我身邊擦過，那車開得很慢。後來我看到那車子的尾燈亮了，接著聽到一聲長頸鹿的嘶鳴，我往鹿圈那邊望去，只見一隻長頸鹿在圈裡狂奔轉圈子，然後突然倒下。於是，我過去看個究竟。結果被這個人絆了一跤。」

羅波和那人翻過柵欄，跪在受傷的鹿前仔細察看，發現子彈打傷了它的頸部。

查理說：「我想可能是這樣，兇手第一槍沒打中這人，卻打傷了長頸鹿，於是又開了一槍，才打死了這人。」

羅波說：「正是這樣，不過有一件事你沒講實話：你並不是跑去報警，而是想逃跑！」

「奇怪！我為什麼要逃跑呢？」查理莫名其妙地說，「我又不是兇手。」

羅波拿出手銬把那人銬了起來，一邊說：「你是兇手，跟我走吧！」

後來一審查，這人果然是兇手。

羅波當時怎麼知道他就是兇手呢？

這其實用常識就可以推理出來。那個人說他聽到長頸鹿的嘶鳴後才被屍體絆了一跤。

但是，實際上所有的長頸鹿都是啞巴，它們根本不

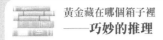
會發出嘶鳴的。他如果不是兇手，就不會編造假話。

【數學加油站】他的話並不可信

在家休息的老羅接到一通電話，對方想在下下星期的星期五拜訪他。但老羅說：「那天上午我要開會，下午1點要參加學生的婚禮，接著4點要參加一個朋友的孩子的葬禮，隨後是我姐姐的公公60壽辰宴會……所以那天我沒時間接待您了。」

老羅的話裡有一個地方不可信，是什麼地方？

一點就通

謊言再圓滿也會有疏漏，透過嚴密推理，人們可以看穿諸多騙局。

老羅的謊言也不例外，且不說一個人的一天行程不可能安排得這麼滿，況且下下星期五是兩星期後的事。通常人們是不會提前那麼多天就預訂好葬禮日期的(除了國葬一類的大型葬禮以外)。

他是走錯房間了嗎

夏威夷是一個美麗的地方，每年來這裡度假旅遊的人絡繹不絕。

大衛警長今年也來這裡度假，他住在海邊一家四層樓的賓館裡。這家賓館三、四兩層全是單人房，他住在404房。這天，遊玩了一天的大衛草草吃了晚餐便回到房間，他想洗個熱水澡，早點休息。正當他走進浴室準備放水時，聽到了兩聲「篤篤」的敲門聲，大衛以為是敲別人的房門，沒有理會。一會兒一位陌生的小夥子推開房門，悄悄地走了進來。原來大衛的房門沒有鎖好。

小夥子看到大衛後有些驚慌，但很快反應了過來，彬彬有禮地說：「對不起！我走錯房間了，我住304。」說著他攤開手中的鑰匙讓大衛看，以證明他沒有說謊。

大衛笑了笑說：「沒關係，這是常有的事兒。」

小夥子走後，大衛馬上給賓館保全打電話：「請立即搜查304房的客人，他正在四樓作案。」

保全人員迅速趕到四樓，抓到了正在行竊的那個小夥子，並從他身上和房間裡搜出了首飾、皮包、證件、

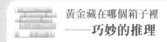

大筆現鈔和他自己配製的鑰匙。

保全人員不解地問大衛：「警長先生，您怎麼知道他是竊賊的？」

你知道這是怎麼回事嗎？

原來是小夥子的敲門舉動露了餡。因為三、四兩層全是單人房，任何一個房客走進自己房間時，都不會先敲房門的。

【數學加油站】令人鬱悶的減肥事件

即將出場參加拳擊比賽的老K，最近一直都在努力地減肥，雖然磅秤上的指標愈來愈接近零，可是老K的教練還是說他不夠努力，抱怨他根本沒有減輕重量，這到底是怎麼回事呢？

一點就通

磅秤的指標再差一格就滿一圈了，在這種情況下，如果體重增加的話，指標當然就會離零愈近的。

聰明的慣竊斯坦德

　　慣竊斯坦德展開文物館的地形圖對手下的人說：
「這次是潛入文物館盜竊館內的文物。可是，那裡警備
森嚴，是很難進去的。正門和後門都設有監視崗哨，常
有數名保全人員值班監視。文物館周圍都拉著高壓電
網，翻牆進入是不可能的，只能從監視崗哨前面進去。
問題是如何躲過保全人員，你們有什麼好主意？」

　　「頭兒，我有個辦法。」說話的是個獨眼龍。

　　「什麼辦法？」

　　「在下雨的晚上，保全人員都會偷懶擠進監視室關
上門躲雨，透過窗戶監視外面。那監視室的牆上有個換
氣扇，如果把那換氣扇的扇葉倒過來安裝，再開換氣扇
時就會把外面的空氣吸進室內。我們把麻醉毒氣注入室
內，保全人員就會因吸入毒氣而昏睡，趁此機會我們就
可以自由出入文物館了。」

　　「可是，你怎麼改裝換氣扇呢？」

　　「事先，我們從遠處用來福槍擊壞換氣扇。那樣，
保全人員就會請附近修理店的人去修理。我們可以買通

修理店，或者化裝成修理工去上門修理。」獨眼龍得意地說著，其他人也對這個主意表示贊同。

「真蠢！那樣根本不可能讓保全人員昏睡。」斯坦德表示反對。

你知道這是為什麼嗎？

經過科學推理可以知道，即使將扇葉反過來安裝，外面的空氣也不可能進入室內。

換氣扇的作用就在於將室內的渾濁空氣排出室內。即使將扇葉反過來安裝，外面的空氣也不可能進入室內。因為翻過來調過去，扇葉的旋轉角度還是相同的，照樣還是將室內空氣排出室外。要從外面往室內注入毒氣，就必須改變換氣扇葉的旋轉方向。

聰明的斯坦德正是知道了這些，才對獨眼龍的提議表示反對的。

【數學加油站】一張照片暗藏的祕密

房地產公司董事長的女兒被歹徒綁架，並聲稱需用一百萬來交換，不許報警，否則立即撕票。

董事長急得團團轉，一時不知該怎麼辦才好。恰好他的老友，一位攝影師來看望他。聽完董事長的訴苦，他不緊不慢地說道：「別慌，等歹徒再來電話的時候，

你就説為了證明被他們劫持的確實是你的女兒，請他們先送一張您女兒近日的照片。情況屬實，就一切聽從他們的安排。」

董事長照他朋友説的去做，收到照片後，立即交給老友。僅憑這張照片，警方一舉破案。請問：這張照片與破案有什麼聯繫呢？

一點就通

這位攝影師有著豐富的攝影經驗，他斷定歹徒給董事長女兒拍照的時候，歹徒的相貌一定會映在她的眼球中。拿到照片後，他運用先進的顯影技術，將照片放大，就能清晰地看出歹徒的相貌映在董事長女兒的眼球中。這樣警方就可以抓獲歹徒。

鮑西婭會嫁給他嗎

　　莎士比亞的名著《威尼斯商人》中有這樣一個情節：富家少女鮑西婭，不僅姿容絕世，而且有非常卓越的才能。

　　許多王孫公子紛紛前來向她求婚。但是，鮑西婭自己並沒有擇婚的自由，她的亡父在遺囑裡規定要猜匣為婚。鮑西婭有三只匣子：金匣子、銀匣子和鉛匣子，三隻匣子上分別刻著三句話。在這三只匣子中，只有一只匣子裡放著一張鮑西婭的肖像。

　　鮑西婭的父親在遺囑中許諾：如果有哪一個求婚者能通過這三句話，猜中肖像放在哪只匣子裡，鮑西婭就會嫁給他。

　　金匣子上刻的一句話是：「肖像不在此匣中。」

　　銀匣子上刻的一句話是：「肖像在金匣中。」

　　鉛匣子上刻的一句話是：「肖像不在此匣中。」

　　同時，這三句話中只有一句是真話。

　　聰明英俊的巴薩尼奧來求婚了。他應該選擇哪一個匣子呢？

經過一番推理可以知道，肖像在鉛匣子中，巴薩尼奧應該選擇鉛匣子。

最簡單的推理方法就是分別假設肖像在各個匣子裡，然後看看是否會產生矛盾。具體過程如下：

(1) 假設肖像在金匣子中。則金匣子的話是假的，銀匣子的話是真的，鉛匣子的話是真的。矛盾。

(2) 假設肖像在銀匣子中。則金匣子的話是真的，銀匣子的話是假的，鉛匣子的話是真的。矛盾。

(3) 假設肖像在鉛匣子中。則金匣子的話是真的，銀匣子的話是假的，鉛匣子的話是假的。合理。

如果更進一步，我們可以發現，金匣子上的話與銀匣子上的話是互相矛盾的，其中必有一個是真的。因為只有一句是真話，所以鉛匣子的話是假的。因此，肖像在鉛匣子中。

【數學加油站】誰是老實人

兩個犯人逃出監獄想混出城去，於是他們和一個老實人一起走，走到城門口時被一個士兵攔住了，士兵知道他們三人中有兩個會說謊的犯人，所以就先問甲：「你是什麼人？」甲回答說：「我是老實人。」

士兵又問乙，乙回答的聲音太小他沒有聽清楚。於

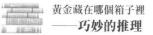
是士兵就問丙，乙說的是什麼，丙說：「他說他是老實人，我也是老實人。」

由此，士兵能夠判斷出哪個是老實人嗎？

一點就通

無論乙是不是老實人，他都會說他是老實人。如果丙是說謊的犯人，那麼，他在轉達乙的話的時候，必定會說：「他說他不是老實人」，可是丙並沒有這麼說，所以丙才是老實人。

寶石藏在什麼地方

有一天，偵探波洛接到了朋友安德魯打來的電話：「請您務必來一趟，幫我找到那顆失竊的寶石。」

波洛來到安德魯的家，被帶到了一間密室。波洛掃了一眼，發現這間密室是圓形的，沒有任何牆角。門左邊有一個男僕，旁邊是一張飲料桌，上面有五個加了冰的酒杯和兩個瓶子。房間中央是一張小桌子，上面有一個空的首飾盒，寶石原本裝在盒子裡。在門左邊是史密斯夫人，她站在一幅雷諾瓦的名畫前面。

然後是穆勒先生，他站在一幅畢卡索的畫前面。在穆勒先生旁邊是拉特先生，他正在看一幅倫勃朗的畫。主人安德魯就站在拉特身旁。在房間裡面，再沒有任何其他東西了。

「波洛先生，」安德魯先生說道，「我邀請了一些客人來看我的收藏品。一開始，我給他們看的是我好不容易才收集到的一顆名貴寶石，它原本就放在這個盒子裡。後來，他們都對我掛在牆上的畫產生了興趣，就站起來各自欣賞。」

「他們現在的位置就是我發現寶石遺失的時候所站的位置。您看得出來，我們都背對著寶石。由於大家都沉浸在這些畫中，沒有人注意到別人的行動。但我一轉過身，就發現寶石不見了。』

「安德魯先生，那個男僕當時在做什麼呢？」波洛問道。

「當時我叫他給客人們準備點喝的。他正在調酒，我聽到他在往杯子裡放冰塊。我搜過他的身體，他身上沒有寶石。至於這些客人，我可不能搜他們的身，他們都是我的朋友。不過他們都沒有離開過這個房間。」

波洛掃視了一下整個房間。房間裡非常整潔，根本看不出來有什麼地方能夠把寶石藏起來。他沉思了一陣，突然眼睛一亮，因為他知道該到什麼地方去找寶石了。

你知道寶石藏在什麼地方嗎？

其實，寶石是男僕偷的。波洛經過推理發現，房間裡總共只有三位客人和主人安德魯，所以根本不需要五杯加了冰的酒。原來，那位男僕乘人不備，把寶石偷了出來放在酒杯裡，乍一看，就好像是一杯加了冰的酒一樣。

【數學加油站】智斷金鏈

一位女士出差在外，突然發現沒帶信用卡，她身上的現金不夠支付房費，怎麼辦？這時她想起自己有一條金項鏈，共有7節，可以用每一節金鏈作抵押支付房費應應急，7天後她就會收到預先計畫好的一筆匯款，再贖回金項鏈就行了。

賓館服務台同意這種支付方法，讓她每天按時交一節金鏈來抵付房費。於是女士就找到珠寶商準備把金鏈截斷。珠寶商告訴這位女士金鏈截得越多，價值損失就越多，加工費用也越大，所以截斷的節數越少越好。聰明的女士想了一個辦法，只截斷一節就把房費付了。你知道她是怎麼做的嗎？

一點就通

這位女士截斷了第三節(因為對稱，所以也可以截斷第四節)，這樣金鏈就變成了1、2、4三段。

第一天，她用第一節支付房費，第二天，把有兩節的那一段交給服務台，並收回第一節。其他以此類推即可。

Chapter 03

尋找你的幸運數位
——不可思議的機率

Stories about Mathematics

賭博中的機率論

　　卡當是一個很有才華的人。他知識面非常廣，不僅是一名醫生，同時又是一位數學家。他平時有一個愛好——賭博，他在業餘時間經常和朋友們一起玩。一般的人僅僅把賭博看成一種遊戲，而卡當卻從賭博中發現了數學問題，並因此取得了巨大成就。

　　一次，卡當的一個貴族朋友和別人打賭擲骰子。可是他不知道把錢押在哪個數字上比較容易贏。為此頭疼不已。貴族贏錢心切，他想到了聰明的卡當。於是他找來卡當幫忙。卡當對此也非常感興趣，一向喜歡思考的他開始認真研究起來。

　　每個骰子有6個面，把兩顆骰子扔出去，點數之和可能是從2到12的任意一個數字，可是哪個數字出現的可能性最大呢？

　　卡當拿出紙筆，計算了一下。發現了一個結果：兩個骰子朝上1面一共有36種可能，從2到12這11個數字中，7是最容易出現的和數，所以卡當預言，押7最容易贏。

貴族聽了卡當的話，把大部分的錢押在7上，果然贏了很多錢。這在現在看來很簡單的方法，在當時卻是非常傑出的思想方法。

在那個時代，雖然機率的萌芽有些發展，但是還沒有出現真正的機率論。

卡當並沒有停留在對賭博的研究。為了弄清楚這個問題，他找到許多著名的數學家一起討論。這樣，就誕生了新的數學分支——機率論。

卡當的發現對機率論的出現有非常重要的作用。

【數學加油站】選擇哪一位醫生

有一個病人需要動手術，他打聽到兩位在這方面的權威醫生。根據過去的記錄資料得知，A醫生動這種手術的成功率是70％，B醫生是65％。病人希望手術成功，毫不猶豫地選擇了B醫生。

兩位醫生執行這種手術的次數、費用、地理條件和醫德等，完全相同。這究竟是為什麼呢？

一點就通

假設兩位醫生做過20次這種手術。

A醫生為第一位到第十四位病人動的手術十分成

功，但是後面的六次完全失敗。

　　B醫生為第一位到第七位病人動手術完全失敗，但是後面的十三次手術非常成功。

　　雖然B醫生的成功率較低，但是如果是您，您一定會選B醫生吧，此乃人之常情。

「尼斯湖水怪」
真的存在嗎

　　英國的尼斯湖曾經傳言生活著被稱為「尼斯湖水怪」的怪物，這件事情引起了很多人的遐想。有人甚至還公佈了水怪的照片。照片中是一隻像恐龍一樣的長脖子的大傢伙。

　　但是科學家們並不相信這件事。因此，對於那些相信存在尼斯湖水怪的人來說，尼斯湖水怪存在的機率是遠大於 $\frac{1}{2}$ 的，而對於科學家們來說，這個怪物存在的可能性幾乎為0。

　　但是隨著時間的推移，在人們得知照片中的水怪，是有人故意捏造出來的假模型的事實之後，關於尼斯湖水怪是否存在的爭論自然就消失了。

　　事實上，尼斯湖水怪事件是完全不需要用機率來計算的問題。

　　那麼，到底什麼樣的事可以用機率是 $\frac{1}{2}$ 來計算呢？即使一件事情有兩種互相對立的情況，但如果二者都不是確定會發生的事情，那麼是不能用機率來計算的。

　　機率是針對過去真正發生過的，或者未來一定會發

生的事情的學問。像擲骰子的問題，無論怎樣必定都會擲出奇數或者偶數，所以說出現這兩種情況的機率各為 $\frac{1}{2}$ 就是正確的。

【數學加油站】兩個懶人

甲、乙兩個人都不願意打掃環境，於是甲對乙說：「我們擲骰子決定吧，現在這裡有兩個骰子，我們每人擲一次，如果兩個骰子上顯示的數之和在1～6之間，就算你贏；如果兩個數之和在7～12，就算是我贏。輸的那個人打掃環境，怎麼樣？」乙同意了。

擲完骰子，乙輸了，於是他就打掃了環境。第二天，乙發現他上了甲的當，那種擲法不公平。請問，為什麼這種擲法是不公平的呢？兩種機率差了多少？

一點就通

因為不可能擲到1，實際上只有擲到2～6甲才能贏。擲到2的機率是 $\frac{1}{36}$；擲到3的機率是 $\frac{2}{36}$；擲到4的機率是 $\frac{3}{36}$；擲到5的機率是 $\frac{4}{36}$；擲到6的機率是 $\frac{5}{36}$。總和為 $\frac{5}{12}$，而乙贏的機率為 $\frac{7}{12}$。相差了 $\frac{1}{6}$。

大數學家判賭局

　　偉大的數學家、物理學家和哲學家帕斯卡有一次出外旅行。為了打發無聊的旅途時光，他和偶遇的貴族子弟梅累閒聊起來。

　　梅累嗜賭如命，他曾經遇到過的一個分賭金的問題，一直讓他迷惑不解。這次和大數學家帕斯卡同行，他便向帕斯卡請教這個問題。

　　梅累説，一次他和賭友擲骰子，各用32個金幣做賭注，約定，如果梅累先擲出三次「6點」，或賭友先擲出三次「4點」，就算贏了對方。兩個人賭了一下子，梅累已經擲出了兩次「6點」，賭友也擲出了一次「4點」。但就在即將分出輸贏的時候，梅累得到命令，需要立刻晉見國王，所以這場賭局中斷了。那麼他們倆該怎樣分這64個金幣的賭金呢？梅累和賭友爭起來。

　　賭友説，梅累要再擲一次「6點」才算贏，而他自己如果擲出兩次「4點」也就贏了，這樣一來，自己所得的應該是梅累的一半，就是説，梅累得到64個金幣的 $\frac{2}{3}$，他自己得 $\frac{1}{3}$。

　　但梅累卻說，即使是下一次賭友擲出個「4點」，自己沒擲出「6點」，兩人「6點」、「4點」各擲出兩次，那金幣也該平分，各自收回32個金幣，

　　更何況如果自己擲出個「6點」來，那就徹底贏了，64個金幣就該全歸他了。所以，他應該先分得一定能到手的32個金幣，剩下的32個金幣應該對半分，那麼，梅累自己該得到 $64 \times \frac{3}{4} = 48$ 個金幣，而賭友只能得16個金幣。

　　自己和賭友到底誰說得對呢？梅累迷惑地問帕斯卡。

　　就是這樣一個看起來簡單的問題，竟把帕斯卡這位大科學家給難住了。帕斯卡為此足足苦想了三年，才悟出了一些道理來。於是他又和自己的好朋友，當時的另外兩位數學家費爾馬和惠更斯展開了討論。他們得出一致的意見：梅累的分法是對的。因為在賭博必須中斷的時候，梅累贏得全域的可能性是 $\frac{3}{4}$，而賭友的可能性是 $\frac{1}{4}$。梅累一方的可能性更大。

　　後來，三位數學家的討論結果被惠更斯寫進了《論賭博中的計算》一書，這本書被公認為世界上第一部有關機率論的著作。

【數學加油站】骰子勝算

大家都知道，骰子的六個面上分別為1到6點，如果使用兩顆骰子，把它們擲出去，以兩個骰子朝上的點數之和作為賭博的內容。那麼，賭注下在多少點上勝算最大？

一點就通

兩個骰子朝上的面的數字之各共有36種可能(如圖所示)，點數之和分別可為2～12共11種。從中可知，7是最容易出現的數，它出現的機率是$\frac{6}{36}=\frac{1}{6}$。

2	3	4	5	6	7
3	4	5	6	7	8
4	5	6	7	8	9
5	6	7	8	9	10
6	7	8	9	10	11
7	8	9	10	11	12

令人困惑的機率論

　　楊明語是一名在校的研究生，他所在的大學靠近市中心的地鐵站。

　　城市的東邊有一個游泳中心，城市的西邊有一個網球中心。

　　楊明語既愛好游泳，又愛好網球。每逢週末，他總站在地鐵站面臨著選擇：去游泳呢，還是去打網球？

　　最後他決定，如果朝東開的地鐵先到，他就去游泳；如果朝西開的地鐵先到，他就去打網球。

　　楊明語在週末到達地鐵站的時間完全是任意的、隨機的，例如，有時是週六上午9：16，有時是周日下午1：37，等等……沒有任何確定的規律；而無論是朝東開的地鐵，還是朝西開的地鐵，都是每10分鐘一班，即運行的時間間隔都是10分鐘。

　　因此，楊明語認為，每次他去游泳還是去打網球，機率應該是一樣的，正像扔一枚硬幣，國徽面朝上和幣值面朝上的機率一樣。

　　一年下來，令楊明語百思不得其解的是：用上述方

式選擇的結果，他去游泳的次數占了90%以上，而去打網球的次數居然還不到10%。

你能對上述結果作出一個合理的解釋嗎？對於楊明語選擇的結果，一個合理的解釋是：向東的地鐵和向西的地鐵到達該地鐵站的時間間隔是1分鐘。

也就是說，向東的地鐵到達後，間隔1分鐘向西的地鐵到達，再間隔9分鐘後另一班向東的地鐵到達，等等。這樣，當然東去的可能性是90%。

楊明語產生迷惑的原因是，他只注意到同向的地鐵到站的時間間隔是相同的，而沒有注意到相向而開的兩輛地鐵到站的時間間隔是可以不同的。

【數學加油站】投擲硬幣

「投擲兩枚硬幣，它們全部正面朝上或者全部反面朝上的機率是50％，因為每一個都有兩種可能。當你投擲三枚硬幣時，它們全部面朝上或者面朝下的機率也是50％，因為三枚硬幣中至少有兩枚朝上的面是一樣的，這時另外一枚正面朝上或者反面朝上的機率各是50％，所以三枚同面朝上的機率也是50％。」

這種說法正確嗎？為什麼？

一點就通

　　這種說法是錯誤的，因為每個硬幣在投擲時朝上或者朝下都是獨立的，和別的硬幣沒有關係。在有三個硬幣的情況下，同面朝上的機率只有25％。

四封信都裝錯的
可能性有多大

　　陳宏在外地工作。中秋節快到了，他想給父親母親、老婆和兒子每人寫一封信。一日閑來無事，陳宏躲在家裡終於把4封信都寫好了。然後他貼上郵票，把4封信分別裝進事先準備好的信封，給親人們寄了回去。

　　幾天以後，陳宏同時收到四封回信。

　　他先看兒子的來信。兒子在信裡說：「老爸，你真幽默，在信裡居然稱呼我為『父親大人』……」

　　完了，肯定是寫給父親大人的信，裝錯信封，寄到兒子手裡了。接著，他又顫顫巍巍打開父親的來信，脾氣火暴的父親肯定會罵他吧？

　　果然，父親在信中大發雷霆：小子，是不是又想挨打了？語文水準怎麼變得這麼差了，「爸爸」居然能拼成baobao？

　　原來給兒子的信，錯裝到寄給父親的信封裡面了。

　　但願另外兩封信各得其所，沒有搞錯。他趕緊打開愛妻的回信。

　　妻子倒是沒罵他，她在信中寫道：「最近你有進

步，懂得謙虛和禮貌了。以往來信開頭總是說『嗨，你好』，現在這封信裡，竟稱我為『親愛的媽媽』，真是不敢當。」

這下全都亂套了，看來寫給妻子的信一定是寄給老媽了。這四封信，分別裝在四個對應的信封裡，要能全部裝對，只有一種方式；要能全部裝錯，方式可多了。可是怎麼能都錯了呢？這引起了陳宏的興趣。

四封信分別裝進四個寫著不同位址的信封，全部裝錯的可能方式共有多少種？

可以用1、2、3、4分別表示四封信。將這四個數字排隊，組成四位數，每個四位數表示一種裝信封的方法，四位數的第k位表示第k個信封(k=1，2，3，4)。所以，唯一正確的裝法是1234。

四封信全裝錯，表示為四位數，就是1不在第一位，2不在第二位，3不在第三位，4不在第4位。例如，老張裝錯信封的方式可表示為2143。

透過枚舉，可以得出四封信全裝錯的所有可能方式：

「1」在第二位：2143，3142，4123；

「1」在第三位：2413，3412，4312；

「1」在第四位：2341，3421，4321；

共有9種全部裝錯信封的方式。想了半天，陳宏終

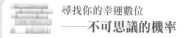

於想明白了。

這次教訓讓他以後再也不敢馬虎了。

【數學加油站】運用機率破案

警長帶著一個實習助理在追捕兩個受傷的歹徒。他們追到一個院子裡，發現裡面有六個房間。據目擊者告訴他們，兩個歹徒分別躲在這六個房間裡的兩間中，但是並不知道他們到底躲在哪兩個房間裡。而如果他們進了無人的房間，那麼歹徒們就會趁機逃跑。

實習助理建議兩個人一起衝進其中一個房間，警長沉思了一下，說：「不，這樣他們逃跑的可能性太大了。他們受了傷，已經沒有抵抗能力了。我們兩個人各自衝進一個房間，這樣的話至少還有可能抓獲一個，運氣好的話可以兩個人都抓住。」

警長為什麼這麼說呢？

一點就通

對於警長來說，歹徒躲在各個房間的可能性是相同的。如果他和助理一起衝進一個房間，由於6個房間裡面只有兩個歹徒，所以只有 $2\div6=\frac{1}{3}$ 的可能抓到一個歹徒，而且不可能同時抓住兩個。

　　現在我們把房間從1到6編號，並且把歹徒躲的房間編為5號和6號。那麼，兩人隨便從六個房間中衝進兩個房間，共有15種組合：

　　1-2、2-3、3-4、4-5、5-6；

　　1-3、2-4、3-5、4-6；

　　1-4、2-5、3-6；

　　1-5、2-6；

　　1-6；

　　這15種情況出現的可能性是一樣的。我們可以看到，有9種情況包含5或6，所以有$9 \div 15 = \frac{3}{5}$的可能性抓住歹徒，大於原來的$\frac{1}{3}$。而且還有$\frac{1}{15}$的可能同時抓住兩個。

揭穿「摸獎」的騙局

小龍暑假來到奶奶家，有一天，在夜市他看到一個矮個子青年人在玩摸球中獎的遊戲。

矮個子一邊抖落著口袋，一邊叫喊：「摸球啦！摸球中獎！」不一會兒，就圍了一大圈人。

有人問：「怎麼個摸法？」

矮個子說：「1元摸一次，每次摸3個球。我口袋裡有紅、白、黑3種球。如果你摸出的3個球中連1個紅球也沒有，你什麼獎也得不到。」

圍觀的人問：「如果摸到1個紅球呢？」

矮個子舉起1支鉛筆，說：「你將得到1支非常好用的鉛筆。」

又有人問：「如果摸到兩個紅球呢？」

矮個子舉起一支圓珠筆，說：「你將得到一支非常好用非常好用的圓珠筆。」

另一個人問他：「如果摸到的3個都是紅球呢？」

「呵！」矮個子眼睛閃著光芒說，「那你可要發大財啦，你將得到1000元獎金！」

一聽這話，圍觀的就有人按捺不住要掏錢了。一個小學生拿出2元說：「我摸兩次。」

一個小夥子拿出5元說：「我摸5次。」

結果小學生一個紅球也沒摸著，小夥子只摸到一個紅球，得了1支鉛筆。

小夥子舉著一支鉛筆，說：「嘿！5元買來一支鉛筆，我就不信邪，我這次買它20元的，看能不能中大獎！」

矮個子接過錢笑眯眯地說：「好，好，摸的次數越多，中大獎的機會也就越大！」

這個小夥子最後得到了3支圓珠筆。

這時，擠進來一個老媽媽，她說：「我最近手氣特別好，我買100元，我把他的大獎全包下來！」

「慢著！」小龍攔住了老媽媽說，「大家不要上矮個子的當。」

小龍問：「你口袋裡有多少個球？」

矮個子答：「23個。」

小龍又問：「都是什麼顏色的？」

矮個子搖晃著腦袋說：「這顏色嘛，我早就給大家交待過了，有紅、黑、白3種顏色。」「你口袋裡的紅球有多少個？」小龍步步逼近。

矮個子眼珠一轉，說：「我可以給你透露一點資

訊。口袋裡的紅球和白球合在一起有16個，白球比黑球多7個，黑球比紅球多5個。你要是厲害就自己算去！」

矮個子說完這番話，圍觀中的一個老爺爺說：「這可真夠亂的，一會兒白球比黑球多，一會兒黑球又比紅球多。」

經過一番思考，小龍說：「由於白球比黑球多7個，黑球又比紅球多5個，所以，白球比紅球多7+5=12個。又由於白球和紅球共有16個，可以知道白球有12個，紅球只有2個。」

這時大家才明白過來。剛才掏錢摸獎的小夥子怒了，他揪著矮個子問：「好啊！你口袋裡只有2個紅球，你卻說抓出3個紅球才給大獎，你讓我們到哪裡抓去？」

小夥子搶過口袋把球倒了出來，一數紅球，果然只有2個。眾人掀翻矮個子的摸獎攤，打了110，一會兒矮個子就被員警帶走了。

【數學加油站】唯一剩下的一個空位

　　一架客機上有100個座位，100個人排隊依次登機。第一個乘客把機票搞丟了，但他仍被允許登機。

　　由於他不知道他的座位在哪兒，他就隨機選了一個座位坐下。以後每一個乘客登機時，如果他的座位是空

著的，那麼就在他的座位坐下；否則，他就隨機選一個仍然空著的座位坐下。

請問，最後一個人登機時發現唯一剩下的空位正好就是他的，其機率是多少？

一點就通

當最後一個乘客登機時，最後一個空位要麼就是他的，要麼就是第一個乘客的。由於所有人選擇座位時都是隨機選擇的，這兩個位置的「地位」相等，它們所面對的「命運」也是相同的，不存在哪個機率大哪個機率小的問題。

因此，它們成為最後一個空位的機率是均等的。也就是說，最後一個人發現剩下的空位正好是他的，其機率為50%。

誰能百裡挑一

一家世界500強公司一次招聘只想錄用一人，但報名的有100人。那麼每個人的錄取可能性是1%，所以每個人都很恐慌。

但有個自認為很聰明的人指點說：「不必憂心忡忡，你們每個人的錄取可能性都是$\frac{1}{2}$。」

他是這樣分析的：

這100個人都可以這樣推導：除我之外的99個人中，肯定有98個人要被淘汰，這樣，我就與剩下的第99個人競爭這個職位。

因此，我的錄取可能性就是$\frac{1}{2}$了。

由於這100個人都可以這樣進行推導，於是這100個人的被錄取機率就都由$\frac{1}{100}$變成$\frac{1}{2}$了。

人們聽了他的話，心裡平靜多了。真的是這樣嗎？事實並非如此。這個人的分析過程看似嚴密，但其實是錯誤的。問題出在當每個人進行推導時，他們都把其他98個人的$\frac{1}{100}$的錄取可能性剝奪了過來，並將它們（$\frac{98}{100}$）分攤在自己和另外1個人身上。

　　這樣，每個人的 $\frac{1}{100}$ 的錄取可能性就變成 $\frac{1}{2}$ 了。雖然理論上可以這樣推導，但事實上，每個人被錄取的機率是不會變的，每個人的錄取可能性始終是 $\frac{1}{100}$。

【數學加油站】掃雷遊戲

　　大家經常玩的掃雷遊戲，點擊中間的按鈕，若出現的數字是2，表示數字2周圍的8個位置中，有2顆地雷。那麼請問，如果任意點擊8個按鈕中的一個，則不是地雷的機率是多少？

一點就通

　　8個位置有2顆地雷，則沒有地雷的有6顆，所以任意點擊8個按鈕中的一個，則不是地雷的機率是 $\frac{6}{8} = \frac{3}{4}$。

他們能恢復自由身嗎

很久以前，在一個監獄裡，有101個犯人，被關在101個獨立的牢房裡，他們彼此之間無法聯繫。

一天，監獄裡召開全體囚徒大會，宣佈國王大赦，給所有犯人一個機會。

在當天夜裡，會有人來把每間牢房門的正面隨機地刷上黑色或者白色，顏色的選擇是同等機率隨機的，犯人們都不知道自己門上被刷了什麼顏色。

第二天早上，犯人們會依次被叫到監獄長辦公室裡。在走出牢房時，犯人都有機會看見其他人門上的顏色，但是因為他自己的牢門是開著的，門的正面靠著牆，所以他看不見自己門上面的顏色。

在辦公室裡，監獄長讓每個囚犯猜自己門上的顏色，只能回答「黑色」或者「白色」。

接著，犯人被帶回牢房，關好門後，下一個犯人再被叫出來詢問。如此，直到所有犯人都被叫出來一次為止。

注意：在監獄長辦公室裡，犯人並不知道前面其他

犯人的答案是什麼。

最後監獄長統計一下所有犯人的回答。如果猜對自己門上顏色的犯人數過半，那麼就釋放所有犯人，如果人數不過半，所有的犯人只能繼續坐牢。

囚徒大會結束後，監獄長給犯人們20分鐘的討論時間，他們能找到正確的方法嗎？

這其實涉及到機率的問題。101個門，因為黑和白的機率相同，所以黑白的比例為51：50或者50：51。每個犯人都能看到別人的門的顏色。

如果犯人甲看到的黑白比是49：51或者51：49，那甲的門的顏色是一定的，因為51的顏色已經出現，甲的門的顏色只能是49個門的顏色。這樣就能確定出50個門的顏色。

也就是說，有50個犯人能答對。如果犯人甲看到的黑白比是50：50，只要50個犯人都答黑或者白，最後一個人只要答白或者黑就可以，這樣就可以保證有51個犯人能答對。

答對人數過半，犯人們自然就能恢復自由身了。實際上，用三五個人試一下，會發覺這個問題其實很簡單。

【數學加油站】洗襪子出現的狀況

假設你洗了5雙襪子，發現掉了2隻。這時會出現的情況可能是掉了的兩隻襪子正好是一雙，也可能不是一雙，那麼你只剩下3雙襪子了。

那麼後一種可能性是否會遠遠高於前一種可能？它們之間有多大的差別？

 一點就通

我們把襪子編上號：A_1、A_2、B_1、B_2、C_1、C_2、D_1、D_2、E_1、E_2。

如果掉的襪子正好是1雙，留下4雙襪子，那麼就應該有5種可能。而如果掉的不是1雙，只有3雙能用，這種情況共有40種可能。

可見最壞的情況是最好的8倍。

「不會倒楣」的自行車

以前，自行車也有一個六位數字的牌照號。有個迷信的人買了一輛自行車，他非常不希望自己的車牌中出現「8」這個倒楣的數字。為了知道碰到這個數字的機率，他進行了一些計算。他認為車牌有10個數字，而「8」只是其中的一個，因此，不幸遇到「8」的機率應該只有十分之一。

真的是這樣嗎？自行車的車牌號共有6位，每一位都有從0到9的10種選擇，排除6位同時為0的情況之後，剩下的所有數字就都能作為車牌號了。因此，自行車的車牌號一共有999999個，從000001到999999。現在我們來算一下在這麼多的號碼中，有多少是不含8的「幸運號」。

牌號的前兩位中，每一位數字都可以是0，1，2，3，4，5，6，7，9這9個「幸運」數字中的任意一個。因此，對於牌號的前兩位來說，存在著9×9=81種「幸運數」的組合。由於後面的任意一位上的數字都可以是9個「幸運」數字中的任何一個，所以，我們可以求

出，6位的車牌號一共可以有9種「幸運數」的組合。

去掉其中6位同時為0的情況後，自行車的牌照就有$9^6-1=531440$種「幸運數」的組合。如果按照百分比來計算，這個數字只占到所有號碼的53%多點，所以出現「倒楣號」的機率其實有近47%，這個數字遠遠大於騎車人所預估的10%。

如果車牌號是7位的話，那麼「倒楣號」出現的機率甚至比「幸運號」還要大，這個結論利用我們上面所用的方法很容易就能證明出來。

【數學加油站】哪些燈能亮到最後

100只電燈排成一行，從左到右編上號碼：1、2、3、4、5、6……99、100。每個燈都有一根拉線開關，最初這些燈全部都是熄滅的。

另外有100個小孩，第一個小孩走過來，把凡是號碼是1的倍數的燈的開關都拉一下，接著，第二個小孩走過來，把凡是號碼是2的倍數的燈的開關都拉一下，第三個小孩走過來，把號碼是3的倍數的燈的開關都拉一下，這樣繼續下去……第100個小孩走過來，把號碼為100的倍數的燈，即最後一個燈的開關拉一下。

這樣做過以後，請問哪些號碼的燈是亮著的？

一點就通

在這裡,要用到這樣一個知識:任何一個非平方數,它的全體約數的個數是偶數;任何一個平方數,它的全體約數的個數是奇數。

每盞燈在最後時刻是亮還是暗決定於每盞燈的編號的約數是奇數還是偶數。因為,只有平方數的全部約數的個數是奇數。

這樣,在1〜100之間,只有1、4、9、16、25、36、49、64、81、100這10個數為平方數,因而這些號碼的燈是亮著的,而其餘各盞燈則都是關著的。

Chapter 04

最難以捉摸的平均數
——統計的祕密

Stories about Mathematics

都是「平均」惹的禍

　　東西相鄰兩國發生戰爭。東西國家之間有一條大河。河上沒有橋，而且因為戰爭，擺渡的船也都停止了做生意。西方的國家取勝心切，派了一名大將率領8000士兵進攻東方的國家。大軍在河邊集結以後，為了快速渡河，將軍派兵查看水錶。

　　「這條江的平均水深是多少？」將軍問。

　　部隊參謀回答道：「將軍，平均水深是140釐米。」

　　「那我們士兵的平均身高呢？」

　　「士兵的平均身高是168釐米。」

　　「太好了，這樣頭正好可以露在水面上走過去。大家跟上，過江吧！」將軍非常得意，他以為這樣就能安全過河了。

　　士兵們一排接一排，向江水中走去。但是他們越走水越深，水先沒過了腿，然後是腰，接著沒過了脖子，差不多走到江的水中央時，將軍和士兵們全部掉入水中淹死了。最後，東方的國家不戰而勝。西部國家實力大損。

　　問題出在哪裡呢？難道部隊參謀錯了嗎？沒有。一切問題的根源在「平均」二字上。說「平均」水深，並不是河水最深的地方140釐米。

　　其實江水最淺的地方只有100釐米，但是江水中央最深的地方水深卻是180釐米。

　　所謂140釐米，僅僅指的是平均值，身高不足180釐米的士兵們顯然會掉入水中淹死。因此，西部的國家不戰而敗。

【數學加油站】調查收視率

　　電視臺向100人進行抽樣調查，對於觀看電視劇，收視率調查如下：62人看過A劇，34人看過B劇，11人兩個劇的節目都看過。

　　請問，這100人中兩個劇都沒有看過的有幾人？

一點就通

　　兩個劇的節目都看過的人數，與只看過A劇、只看過B劇的人有交叉，所以兩個劇都沒有看過的人應該這樣計算：

　　100-(62-11)-11-(34-11)＝15(人)

一鍋湯中的「抽樣調查法」

　　每個人都有自己的口味，有人喜歡吃甜味食品，有人喜歡偏清淡的食物，還有的人喜歡吃口味鹹的東西。曹雪家就是這樣，這給掌勺的媽媽出了個大難題。

　　「媽媽，我喜歡吃甜的，把湯做得再甜一點吧。」

　　「別耍孩子脾氣，湯怎麼能做得太甜呢？」

　　正在準備晚飯的媽媽給曹雪舀了一勺湯，讓她嘗嘗味道。

　　「媽，太淡啦，鹽是不是放得太少啦？」

　　於是媽媽又放了一勺鹽，用湯勺在鍋中攪拌了一下，又給曹雪嘗了一勺。

　　「稍微鹹了點，爸爸一定喜歡喝。但是媽媽……」

　　「怎麼了？」

　　我只是喝了一小勺湯，您怎麼就知道整鍋湯的味道了呢？

　　「喲，這麼說來這一鍋湯還都要給你喝了不成？」

　　「那倒不是這個意思……但是很奇怪呀，媽媽不是只從湯裡面隨便盛出一小部分嗎，難道這其中也有道

理？」

「當然了。媽媽只是運用了數學中『抽樣調查』的方法而已。不是有『以一推十』這句話嗎。」

「以一推十？」

曹雪不懂了。一向好學的她纏著媽媽非要讓媽媽講，媽媽只好在做好湯後開始給曹雪講解知識。

「所謂『以一推十』的抽樣調查，就是要調查某一集體的情況，有全體調查和抽樣調查兩種方法。所謂全體調查，就是對群體中的每個個體都進行調查，得出最後的結果。

從整體中只選擇一部分進行的調查，就叫抽樣調查。抽樣調查就是把對一部分個體抽查的結果作為衡量整體平均的標準。」

「抽樣調查在現實生活中應用廣泛。比如它被應用在勞動力、時間、費用的節約、機械生產產品的檢查、江湖海水、空氣等的污染情況。

「把不可能透過所有個體的資料調查，而得出結果的調查，變為可能的調查方法就是抽樣調查。」

「抽樣調查中最重要的部分是選擇合適的樣本。要仔細選擇可以代表整體水準的個體樣本，隨便選幾個樣本來做抽樣調查是一點意義也沒有的。整個資料群被稱為全體，從中選出的一部分資料群被稱為樣本。全體和

樣本的關係就像『一鍋湯』和『一勺湯』之間的關係一樣。」

曹雪恍然大悟，她忙說：「所以媽媽用湯勺在鍋中攪拌後舀出一勺湯，只嘗一口就能夠判斷出整鍋湯味道的好壞。用湯勺攪拌湯，是保證隨機選擇樣本的必要步驟。不同個體之間差距很大，或者個別個體很突出，都不利於抽樣調查的進行，所以用湯勺攪拌湯是『保持樣本品質同一屬性的過程』。對不對？」

媽媽高興地點點頭，曹雪終於明白其中的道理了。

【數學加油站】簡單烤麵包需要的時間

在一台標準烤麵爐上烤三片麵包至少需要多少時間？爐子兩側可以同時烤兩片麵包的一面。往裡放或取出麵包需要用雙手，翻麵包時，只需一隻手把爐門壓下來，壓到底，然後讓彈簧把爐門拉回原處。

這樣，就可以同時翻兩片麵包，但是，往裡放入或取出麵包只能一片一片地進行。烤一面需要整整0.50分鐘，翻一次用0.02分鐘。

而從碟裡拿麵包往爐裡放入或從爐中取出麵包放回碟中，要用0.05分鐘。

請問，從三片麵包在碟上放好開始，到烤好三片麵

包的各面後放回碟中為止的最短可能時間是？假設烤麵
包爐已預先加熱了。

一點就通

本題曾在一個工廠的簡化操作會議上提出，收到的
答案只有1%是正確的。

後來在更廣泛的範圍進行測驗，根據統計，那次
收到的答案中有；正確的答案1.77分鐘占48%，1.79分
鐘占18%，2.24分鐘占12%，1.94分鐘和2.34分鐘各占
6%，餘下的10%答案分別是1.80分鐘，1.82分鐘，1.90
分鐘，1.95分鐘，2.29分鐘，2.37分鐘和2.44分鐘。

妙算男女比例

　　你知道新生嬰兒的男女比例嗎？18世紀法國數學家拉普拉斯就曾經用統計的知識對倫敦、柏林、彼得堡等幾個城市和法國全國嬰兒的出生情況進行過調查。

　　經過持續10年的研究，拉普拉斯發現，男嬰在所有嬰兒中的比例為 $\frac{22}{43} \approx 0.512$。可是，在同時研究巴黎60年(1725年～1784年)間類似的統計資料時，得出的資料卻是 $\frac{25}{49} \approx 0.510$，為什麼資料有差別呢？

　　拉普拉斯對這個問題進行了研究，發現總的資料裡包含了一切的棄嬰，因為當時棄嬰現象比較嚴重，而棄嬰中女嬰較多，這樣就使得巴黎統計資料不夠準確了。當拉普拉斯從出生嬰兒總數中減去這些棄嬰的數字後，再進行計算，則男嬰的出生率也就穩定在 $\frac{22}{43}$ 左右。這和法國其他地區以及外國所統計的資料是完全一致的。

　　拉普拉斯成功地統計了男女比例，對以後的一些研究提供了很大的幫助。你對什麼東西感興趣呢？看看用什麼樣的方法來求得你想到的結果呢？

【數學加油站】統計學家和數學家

一名統計學家遇到一位數學家，他調侃道：「你們不是説若$x=y$且$y=z$，則$x=z$嗎？按照這一邏輯，你若是喜歡一個女孩，是不是連那個女孩喜歡的男生也要喜歡？」

數學家笑了笑，説了一句話，統計學家頓時啞口無言。你能猜出數學家説了怎樣一句話嗎？

一點就通

數學家説道：「你把左手放到一鍋100度的開水中，右手放到一鍋零度的冰水裡，想來也會沒事吧，因為它們平均不過是50度而已！」

電腦智斷
《紅樓夢》疑案

　　曹雪芹的《紅樓夢》是中國古代四大名著之一。相傳他只是寫了《紅樓夢》的前80回，後40回由高鶚續寫。事情已經過了幾百年，但人們對此仍沒有一個定論。

　　這個問題困擾了人們幾百年，近年來，科學家試圖用科學的方法來解開這個謎。20多年前，在美國舉行的「《紅樓夢》討論會」上，一個叫陳炳藻的教授提出了一個驚人的說法：他斷定，《紅樓夢》是曹雪芹一個人寫的，這個結論是電腦自己「算出來」的。陳炳藻把曹雪芹常用的句式、詞語和搭配方法等等，作為樣本輸入到電腦裡面，然後把前四十回和後八十回做了一個比較，發現它們的相關程度有80%。由此他判斷，紅樓夢前後都是曹雪芹一個人寫的。

　　他的這個辦法是有一定依據的。因為每個作家的經歷不同，文風不同，使用語言的習慣也就不同。比如說曹雪芹寫「笑」，林黛玉對不同的人有不同的「笑」，對賈寶玉是「含情」地笑，對襲人是「冷淡」、「譏

諷」地笑，對紫鵑是「淒然」、「溫存」地笑……這些詞和林黛玉的性格是非常吻合的。

我們可以想想看，如果林黛玉「齜牙咧嘴」地笑，那就不符合曹雪芹的風格。

陳炳藻的研究方法又為我們提供了一種新的研究方法。用電腦可以做許多我們原來都不能輕易完成的工作。

【數學加油站】教堂裡的清潔工

教堂的西面有一個房主蓋了一些庭院。其中有一處是準備3家共用的，院內的環境衛生由住進去的3家女主人共同負責。

於是，A夫人清理了5天，B夫人清理了4天，就全部清理乾淨了。因C夫人正在懷孕，就只好出了9塊錢頂了她的勞動。

請問，如果這筆錢按勞動量由A、B兩個夫人來分，那麼，怎樣分才合理呢？

一點就通

不能單純按A夫人5塊錢，B夫人4塊錢來分配。兩個人總共幹了9天，若3個人則每人平均3天。因此，A

夫人頂C夫人做的工，實際上是5-3=2；而B夫人頂C夫人所做的工，則是 4-3=1。A、B兩夫人應該按頂C夫人做工的比例來分這筆錢，所以A夫人應分6塊錢，B夫人應分3塊錢。

　　因為C夫人沒有參加勞動，當然就不能參加分配，這就好象與她無關似的了，可是這道題的圈套就在於掩蓋了C夫人應該做出的勞動日。

「統計」贏得戰爭勝利

　　第二次世界大戰時期，為了抵禦德國法西斯的猛烈進攻，英國皇家空軍和美國陸軍航空隊決定一起對德國發起進攻，進行戰略性轟炸。但由於一些原因，在早期的戰爭中，兩國的空軍在進行轟炸時損失慘重，戰果不佳。

　　為了改變不利局面，英美兩國決定請一些統計專家來到前線，幫助他們找到降低戰爭損失率的辦法。一位頗具學識的統計學專家很快應邀來到戰爭前線，他先是參觀各個部隊，瞭解具體的情況，然後讓一名士兵去製作陸軍航空隊所用的B17、B24等轟炸機大尺寸模型。

　　做完這些準備工作後，在接下來的交戰中，只要有執行任務的轟炸機部隊返航，專家就會準時到達機場，仔細記錄下每一架飛機的損傷情況，然後在模型上將所有被擊中的部位一一用墨水塗黑。

　　這項工作持續一個多月的時間後，那幾架轟炸機模型上，除了幾塊很小的區域還能保持原樣，其他的地方都被專家塗成了黑色。很多地方甚至被反復塗了很多

次，所以那裡的墨水就像油漆一樣結成了厚厚的一層。

在陸軍航空隊司令和各個轟炸機生產廠家的代表都在場的前提下，專家展示了這幾架被塗了墨水的飛機模型。他先是解釋了一下機身被塗黑意味著什麼，然後提議，讓廠家將轟炸機上這些沒有被塗成黑色的部位，儘快增加裝甲。在場的人對此表示不解，為什麼只給沒有被擊中的地方增加裝甲，那些被擊中次數最多的部位難道不需要嗎？

專家耐心地解釋道：「這些部位之所以沒有被塗黑，不是因為那裡不會被擊中，而是因為所有被擊中這些部位的飛機，最終都沒有返回基地。」

聽了他的解釋，陸軍航空隊司令表示很贊同。各個廠家很快在司令的指示下，給轟炸機的相應部位增加防護措施。在隨後的對德作戰中，轟炸機部隊的戰損率果然得以降低，英美兩國的作戰實力也變得更強，很快擊潰了德國的軍事轟炸。

【數學加油站】螞蟻的收穫

一隻螞蟻外出覓食，發現一塊麵包，它立刻回洞喚來10個夥伴，但牠們搬不動。然後每隻螞蟻各找來10隻螞蟻，大家再搬，還是不行。於是螞蟻們又各自叫來10

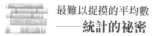
個同伴，但仍然抬不動。螞蟻們再回去，每隻螞蟻又叫來10個夥伴。這次，螞蟻們終於把麵包抬回洞裡。

你知道抬這塊麵包的螞蟻一共有多少隻嗎？

一點就通

14641隻螞蟻。

本題極具干擾性，各找來10個夥伴並不是直接乘以10。

第一次：11隻；

第二次：11×11=121隻；

第三次：11×11×11=1331隻；

第四次：11×11×11×11=14641隻。

圓周率 π 的另類研究

　　法國數學家蒲豐非常好客，1777年的一天，他約了好多朋友來家裡玩。

　　突然，蒲豐拿出一張大白紙來。他在白紙上畫滿了一條一條等距離的平行線。他又拿出很多一樣長短的小針。每根小針的長度都是平行線間距的一半。

　　然後，蒲豐對朋友們說：「好了，請你們隨意地把這些小針投擲到白紙上。」

　　客人都很納悶，誰都不知道蒲豐想幹什麼。他們你看看我，我看看你，最後只好一根根地把小針往白紙上投，投完了把小針撿起來再繼續投。

　　客人們投的同時，蒲豐在邊上認真地計數。等大家都投擲完了。蒲豐發現，統計的結果是，大家一共投了2212次，其中與直線相交了704次，用2212除以704，等於3.142。

　　「朋友們，你們發現了嗎？這個結果正好和圓周率非常接近。」蒲豐這才對大家說明自己的意圖。

　　大家都很納悶，這些隨意投擲出的結果怎麼跟圓周

率 π 扯上關係呢？

　　蒲豐接著說：「怎麼？你們不相信嗎？我們可以繼續試驗，每次得出的結果都是圓周率的近似值，而且投的次數越多，結果越接近。」

　　客人們又投了很多次。結果還是那樣，每次都非常接近 π。

　　這就是著名的「蒲豐試驗」。

　　後來，到了1901年，又有一個義大利人做了這個試驗，他投了3000多次，最後得到的結果是3.1415929。

　　你要是感興趣的話，也可以試一試。

【數學加油站】商場裡的銷售情況

某商場2008年8月空調的銷售情況如下表：

銷售台數	3	8	10	11	12	13	33
人數	1	3	11	5	5	2	1

　　問：這組資料的平均數是多少？如果商場規定8月份銷售10台空調才算完成任務，則該商場8月份有多少個員工沒有完成任務？

一點就通

平均數=(3×1+8×3+10×11+11×5+12×5+13×2+33×1)÷(1+3+11+5+5+2+1)

=311÷28

=11.107

從上表可以看出，有(1+3)人的銷售資料低於10台，所以該商場8月份有4個員工沒有完成任務。

 π 的精確度是多少

　　關於圓周和直徑的比值，最早進行比較精確的計算的是中國的劉徽和祖沖之。劉徽用「割圓術」在西元3世紀就算出圓周和直徑之間的比值近似為3.14，他指出用他的方法還可以算出更為近似的數值3.1416。而祖沖之在西元5世紀的時候，推算出了更為精確的數字，他覺得這個比值應該是在3.1415926和3.1415927之間。

　　在古阿拉伯數學家穆罕默德・本・木茲所著的《代數學》書中有這樣一句話：

　　我覺得計算圓周長的最好方法就是用直徑乘以$3\frac{1}{7}$。這個方法簡單而方便，沒有誰知道比這更好的方法了，除非是真主。

　　現在很多人都知道這個比值的關係，但理論證明，這個數值並不能用一個簡單而精確的分數來表示，我們只能寫出和它類似的比值。這個精確的程度和我們的實際生活其實沒有太大關係，但嚴苛的數學家卻非常樂衷於對這個比值的研究。

　　這個比值也就是圓周和直徑的比值，從18世紀開始

就用希臘字母π表示，也叫做圓周率。

16世紀的荷蘭數學家盧多爾夫，在荷蘭的萊頓市將值仔細地計算到了小數點後35位，並立下了要把他計算出來的π值寫在他的墓碑上的遺囑 。他計算出來的小數點後有35位的π值為：

3.14159265358979323846264338327950288……

再後來，到了1873年，德國的聖克斯又計算出了小數點後面707位的數值。π的近似值竟然有如此之長！實際上，不管是在實用上還是理論上，計算出 值後面的小數點有多少位都沒有太大意義。除非你想創造紀錄，才會想著要算得比聖克斯更多。

當然，的確有這樣的人存在。在1946年和1947年兩年間，曼徹斯特大學的弗格森和華盛頓的倫奇將π值小數點後的位數計算到後808位，而且他們還發現了聖克斯原來計算的 值中第528位是錯誤的，這讓他們感到十分驕傲。

【數學加油站】快速比賽的場次

如果有51名運動員參加網球淘汰賽，最後決出冠軍，則一共要進行多少場比賽？

一般演算法是，第一輪：25場(1人輪空)；

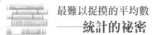
第二輪：13場(因第一輪有一人輪空)；

第三輪：6場(1人輪空)；

第四輪：3場(仍有1人輪空)；

第五輪：2場；

第六輪：1場(決賽)。

這樣一共需要進行25+13+6+3+2+1=50(場)比賽。

你能否用更簡捷的方法算出比賽的場次？

一點就通

50場比賽。

因為一場比賽淘汰1人，最後有50人被淘汰，所以要進行50場比賽。

食鹽的用量到底是多少

　　1947年，印度剛獨立不久，德里就發生了一些公共
暴亂。一個少數民族團體中的大多數人避難到被稱為紅
色堡壘的地方，這是一個被保護的區域，少部分人則逃
到另一個地區的修姆因廟裡，這個廟臨近一個古建築
物。政府有責任提供食物給這些避難者。這個任務委託
給了承包商，由於沒有任何關於避難者人數的資訊，政
府被迫接受承包商所提出的為避難者購買的各種日用品
和生活雜貨的帳單。這項開支看起來非常大，因而有人
建議讓統計學家(他們能計算)來求出紅色城堡中避難者
的正確人數，以減少政府的開支。

　　在當時的混亂條件下，這是一件很困難的事情。另
一個複雜的情形是，政府所謂的統計學家是屬於多數派
團體的(與避難者所屬團體對立)，因而，如果要進入紅
色城堡，應用統計技術估計避難者的人數，這些統計專
家的安全就沒法保障。擺在統計學家面前的問題是：在
沒有任何避難者人數的資訊、沒有任何機會直接瞭解那
個地區人口密度的情況下，同時在不能使用任何已知的

用於估計或人口統計調查中的抽樣技術條件下，如何來估計一個給定地區的人口數量。

專家們不得不想出某個辦法來解決這個問題。無論是統計學或是統計學家的失敗，政府都是可容忍的。不管怎樣，統計學家們接受了承包商交給政府的帳單，這些帳單記錄了提供給避難者的不同的生活用品，如所購入的米、豆類和鹽。如何利用這些資料呢？

假設全體避難者一天所需要的米、豆類和鹽的總量分別為x、y、z。由消費調查，每人每天所需要這些食物的量分別為x、y、z。因而$\frac{x}{x}$、$\frac{y}{y}$、$\frac{z}{z}$，提供了一個集團中相同人數的平行估計量，也就是說，這三個值無論哪一個均是等價有效的。統計學家利用承包商提出的x、y、z計算了這些值，發現$\frac{z}{z}$最小，而表示米的$\frac{x}{x}$最大。

與鹽相比，商品中最貴的米的量有可能被誇大了(當時在印度鹽的價格非常低，因而不會誇大鹽的用量)。因此，統計學家提出估計值$\frac{z}{z}$為紅色城堡中避難者的人數。對所提出的這種方法的驗證是用同樣的方法獨立地估計了休姆因廟裡的避難者人數(這裡的人數要少得多)，得到了很好的近似值。

這個基於鹽量的估計方法思想來自森古普塔，他長期在印度統計研究所工作。由統計學者所給出的估計值

對政府做出行政管理決策時非常有用。這也提高了統計學的威信，從那以後，統計學受到政府的大力支持，可以說，這個估計方法對印度統計學的發展做出了很大的貢獻。

【數學加油站】決出最後的冠軍

某網球比賽，共有1045人報名參加。比賽採取淘汰制。首先用抽籤的方法抽出522對進行522場比賽，獲勝的522人，連同輪空的那1個人，可以進入第二輪比賽。

第二輪比賽也用同樣的抽籤方法決定誰與誰比賽。這樣比賽下去，假如沒有人棄權，最少要打多少場才可以決出冠軍？

一點就通

最少要打1044場才可決出冠軍。

因為每一場只淘汰1個人，而要決出冠軍，必須要淘汰1044人，所以最少要打1044場。

Chapter 05

誰是最大的預言家
——有遠見的方程

Stories about Mathematics

馬和騾子，
誰的力氣更大

　　王雷從小就喜歡鑽研數學問題，最近更是迷上瞭解方程式，每天一放學，他就找出各種有關方程式的題目來做。今天，他碰到了一個難題，不知道該怎樣解答，最後只好向爸爸求救。

　　王爸爸看到兒子這麼好學，當然很高興幫助他。王雷於是迫不及待地把問題告訴了爸爸：

　　有一匹馬和一匹騾子馱著重重的行李並排在路上走著。如果把馬背上的包裹拿下來一個，放到騾子背上，那麼馬背上所馱的東西的重量就只有騾子背上東西重量的一半；如果把騾子背上的包裹拿下來一個，放到馬背上，那麼，它們所馱東西的重量就相等。

　　問：假設每個包裹的重量都是相等的，那麼，馬和騾子各馱了多少個包裹？

　　聽完題目，爸爸笑著對王雷說：「這道題難就難在它有兩個未知數，不過你可以透過轉化的方式，把題目中的條件轉換成方程式的形式，這樣就一目了然了。

　　王雷聽了這番話，還是不明白。爸爸於是讓他把原

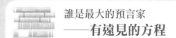
來的題目轉成下面的圖表形式：

假如我從你背上拿一個包裹過來	$x-1$
我背上所戴的東西	$y+1$
就會是你的兩倍重	y+1=2(x-1)
而假如你從我背上拿一個包裹回去	y-1
你背上所戴的東西	$x+1$
和我一樣多	y-1= x+1

根據這個圖表，可以把這個題目轉化為一個含有兩個未知數的方程組：

$$\begin{cases} y+1 = 2(x-1) \\ y-1 = x+1 \end{cases} \text{也就是，} \begin{cases} 2x - y = 3 \\ y - x = 2 \end{cases}$$

透過解上面的方程組，可以求出：$x = 5$，$y = 7$。

所以，馬馱了5個包裹，而騾子則馱了7個包裹。

難題就這樣解決了，王雷高興地對爸爸說：「以後再碰到這樣的問題，我就可以獨立解決啦！」

【數學加油站】令人費解的對話

「早上好！長官。」麥爾先生說，「您能告訴我現在幾點了嗎？」

「當然可以。」麥克西警官回答，他在員警隊伍裡

以精通數學而聞名，「從午夜到現在這段時間的四分之一，加上從現在到午夜這段時間的一半，就是你要的答案。」你能計算出這段令人費解的對話發生的確切時間嗎？

一點就通

這段對話發生在上午9：36，從午夜到這時的四分之一是2小時24分，加上從這時到午夜的時間的一半(7小時12分)，就得到9：36。

麥爾向麥克西問早安，從這件事可以看出他們對話發生在上午。如果不考慮這一點，也可以設想時間是在下午，那麼，下午7：12同樣是一個正確的答案。該題可以透過一元方程式來求得答案，設現在的時間為x小時，則根據題中已知條件可以列出如下方程式：

$\dfrac{x}{4}+\dfrac{24-x}{2}=x$，解得$x=9\dfrac{3}{5}$，換算成時刻則為9：36。

刁藩都活了多久

　　西元前3世紀，古希臘有一位數學家——刁藩都。他在數學領域有很多成就。刁藩都對數學的研究在古希臘數學史上獨樹一幟，他唯一的簡歷是從《希臘詩文集》中找到的，這是由麥特羅爾寫的刁藩都的「墓誌銘」。刁藩都的「墓誌銘」，其實就是一道數學題，我們試著把它的內容從普通的語言轉化為代數的語言來看：

普通的語言	代數的語言
過路人！這裡埋的是刁藩都的屍骨， 下面的文字可以告訴你他的壽命是多長，	x
幸福的童年佔據了他生命的六分之一。	$\dfrac{x}{6}$
又過了人生的十二分之一， 他開始進入青年時代。	$\dfrac{x}{12}$
他結婚後，幸福地度過了生命的 七分之一，沒有孩子。	$\dfrac{x}{7}$
再過五年，他的第一個孩子出生了， 他感到非常幸福。	5
就這樣過了人生的二分之一， 厄運降臨，他的兒子不幸去世。	$\dfrac{x}{2}$
兒子的去世讓他陷入悲痛之中， 四年後，他撒手人寰。	$x = \dfrac{x}{6} + \dfrac{x}{12} + \dfrac{x}{7} + 5 + \dfrac{x}{2} + 4$
請問，刁藩都的壽命有多長？	

透過解方程式，可以知道，刁藩都活了84歲。根據這個數位，我們不難推斷出關於他生平的這些資訊：刁藩都21歲結婚，38歲得子，80歲兒子去世，84歲自己離世。

【數學加油站】每個人的報酬是多少

在很多年以前的棒球聯賽賽場上，有這樣一個做法，選手在參加完每場比賽之後會隨即得到報酬。在一場棒球比賽中，這4個人——瑪律文、哈威、布魯斯以及羅洛要分享233元。比賽結束後，瑪律文分得的錢比哈威多20元，比布魯斯多53元，比羅洛多71元；請問這4名選手在那一早晨分別獲得多少錢？

一點就通

瑪律文得到94.25元、哈威得到74.25元、布魯斯得到41.25元、羅洛得到23.25元。假設瑪律文、哈威、布魯斯以及羅洛分得的錢分別為A、B、C和D，則有：

A+B+C+D=233

A-B=20，A-C=53，A-D=71

即A+A-20+A-53+A-71=233

所以A=94.25、B=74.25、C=41.25、D=23.25。

最後來的那個人
工作了多長時間

　　學校將高年級同學組成了一個挖土隊，讓他們負責在學校裡挖一條溝。如果所有隊員全部出勤，那麼只需要24個小時，這條溝就可以挖成。

　　但是事實上一開始只來了一個人，後來每過一段固定的時間，就會有一個人加入進來，直到最後全組人到齊。

　　經計算得知，第一個人工作的時間是最後來的那個人的11倍。那麼最後來的那個人工作了多長的時間？

　　我們用x來表示最後來的那個人工作的時間，那麼第一個人工作的時間就是$11x$。

　　設挖土隊全隊的總人數是y，那麼全隊人員勞動的總時間就是一個首項為$11x$，末項為x的y項遞減級數的和，也就是 $\frac{(11x+x)y}{2} = 6xy$

　　另外，我們知道，如果所有隊員全部出勤，那麼只用24個小時就能挖成溝。也就是，挖成的時間只需24小時。因此，$6xy = 24y$

　　y是大於0的整數，所以我們可以把它從方程式兩邊

同時約去。

然後得到：$6x=24$ 所以 $x=4$。

得知，最後到的那個人只工作了4個小時。這樣，我們就解答出了題目中所提出的問題。但是，如果題目要求我們求出挖土隊的人數，我們是沒法求出來的。

儘管方程式中含有表示挖土隊人數的未知數，但是由於所給的條件不充分，所以我們無法解出這個未知數的值。

【數學加油站】三人買魚

甲、乙、丙三人合買一條魚，甲要魚頭，乙要魚尾，丙要魚身。這條魚的頭重2斤，魚身重是頭尾重的和，尾重是半頭半身的和。

魚的牌價是：魚頭5元一斤，魚尾3元一斤，魚身的單價是頭尾的和。他們三個每人該付多少錢呢？他們算了半天也算不清。

這時，正好一個少年路過，看他們焦急的樣子，便上前詢問。當聽了他們的敍述後，很快就幫他們算出了各人應付的錢數。甲、乙、丙三人一想，果然不錯。

請你也來幫他們算一算。

一點就通

設魚身重為 x 斤，已知頭重＋尾重＝身重，所以 $2+(\frac{2}{2}+\frac{x}{2})=x$，解得 $x=6$(斤)。尾重為半頭半身重，即 $\frac{2}{2}+\frac{6}{2}=1+3=4$(斤)。所以，甲付 $5\times2=10$(元)，乙付 $3\times4=12$(元)，丙付 $8\times6=48$(元)。

在理髮廳裡解數學題

　　數學可以應用到現實生活的各個方面。說起來你可能很難相信，連理髮廳的理髮師們都能用到數學知識。

　　以前，就有理髮師曾經請教過教數學的許老師這樣一個問題：「我們有一個解決不了的問題想請你幫忙，不知道你能不能幫助我們？」

　　另一個理髮師插嘴道：「因為這個問題，不知道糟蹋掉多少溶液了！」

　　「這是什麼樣的一個問題啊？」許老師問道。

　　「為了得到一種濃度為12%的過氧化氫，我們不知道浪費掉了多少溶液。我們用的是30%和3%兩種濃度的溶液，但總是找不到合適的配製比例。」

　　許老師讓他們找來一張紙，很快他就把這個合適的比例計算了出來。許老師告訴理髮師們，這並不是一個複雜的問題，要解決它非常簡單：

　　對於這樣一個題目，既可以用算術的方法來解，也可以用代數的方法來解，但是用方程式會更快、更簡單地得出答案。首先假設要做成濃度為12%的溶液需要濃

度為3%的溶液x克，需要濃度為30%的溶液y克。

那麼，(x+y)克溶液中，純過氧化氫的量就是0.03x+0.3y。而由於混合後，過氧化氫的濃度是12%，所以，(x+y)克溶液中純淨過氧化氫的含量還可以用0.12(x+y)來表示。

根據上面的推斷，不難列出方程：

$$0.03x+0.3y=0.12(x+y)$$

解這個方程可得：x=2y，因此，在配製過程中，所用的3%的溶液的量應該是30%的溶液的量的2倍。

經過許老師的解答，理髮師們終於不再為配製溶液的問題而苦惱了。

【數學加油站】每頭奶牛的進價

一位商人賣出兩頭乳牛，得款210美元。他在一頭乳牛上賺進了10%，而在另一頭乳牛上虧掉了10%。總起來算，他還是賺了5%。

試問：每頭乳牛原來的進價各為多少？

一點就通

一頭乳牛原來的進價為150美元，另一頭乳牛為50美元。設一頭進價為x美元，另一頭為y美元，則：

$x+y=210÷(1+5\%)=200…………①$式；

$x(1+10\%)+y(1-10\%)=210………②$式；

①代入②式可得　$x-y=100……③$式；

由①③可得，$x=150$，$y=50$。

至少要開放幾個檢票口

數學課上，老師給同學們出了這樣一道題目：

在一間火車站的候車室裡，旅客們正在等候檢票。已知排隊檢票的旅客按照一定的速度在增加，檢票的速度則保持不變。如果車站開放一個檢票口，那麼需要半小時才能讓等待檢票的旅客全部檢票進站；如果同時開放兩個檢票口，那麼就只需要10分鐘便可讓等待檢票的旅客全部檢票進站。現在有一班增開的列車很快就要離開了，必須在5分鐘內讓全部旅客都檢票進站。

問：這個火車站至少需要同時開放幾個檢票口？

聽完老師的問題，同學們都躍躍欲試。最後老師讓一向比較積極的王宇上臺給大家講解這道題目。

王宇自信地邁著大步走上講臺，他拿起粉筆就在黑板上寫寫畫畫，然後轉過身來對大家說：「這道題目給出的數量關係比較隱蔽，經過仔細分析，可以發現涉及的量為：原排隊人數、旅客按一定速度增加的人數、每個檢票口檢票的速度等。

現在，我們可以給分析出的每個量設定一個代表符

號：設檢票開始時等候檢票的旅客人數為x人，排隊旅客每分鐘增加y人，每個檢票口每分鐘檢票z人，最少同時開n個檢票口，就可在5分鐘內讓全部旅客檢票進站。

根據已知條件列出方程式：

開放一個檢票口，需半小時檢完，則$x+30y=30z$

開放兩個檢票口，需10分鐘檢完，則$x+10y=2\times10z$

開放n個檢票口，最多需5分鐘檢完，則$x+5y=n\times5z$

聯立方程，可解得$x=15z$，$y=\frac{1}{2}z$

將以上兩式帶入$x+5y=n\times5z$得$n=3.5$，所以$n=4$。

因此，答案是至少需同時開放4個檢票口。」

聽完王宇的解答，老師讚許地點了點頭，台下的同學們也紛紛為王宇的精彩解答而鼓掌。

【數學加油站】兔子種蘑菇

有兩隻兔子有同樣多的朽木樁，牠們收集了一些蘑菇的孢子，把它們分裝在小袋子裡，平分成兩份，一人一份，然後去種蘑菇。兔子甲在每根朽木樁上種一袋孢子，兔子乙在每根朽木樁上種三袋孢子。到最後，兔子甲種滿了它的朽木樁，但是還剩下了5袋孢子，兔子乙的孢子用完了，還剩下5個朽木樁沒有種。那麼，牠們原來各有多少根朽木樁和多少袋孢子？

一點就通

　　牠們各有朽木樁10個，各有孢子15袋。

　　假設牠們各有x個朽木樁、y袋孢子，根據題示，可列成下面的程式：

　　$y=x+5$，

　　$y=3(x-5)$

　　解得，$x=10$，$y=15$。

公園裡的年齡妙答

　　初春的公園裡，有許多早起晨運的人。大家運動後聚在一起聊天，免不了要詢問彼此的年齡。

　　這時，一對中年夫妻說：「我們先賣個關子，讓大家猜猜我們的真實年齡吧。只告訴大家我們兩個的年齡平方差是195。」另外一對青年夫妻也加入進來，笑著說：「我們的年齡平方差也正好是195。」

　　連續兩對夫妻的年齡都這麼巧，沒想到更巧合的事情還有，這時一對老年夫妻說：「今天真是稀奇了，我們倆的年齡平方差也是195。」根據這幾個條件，你能猜出這三對夫妻的年齡分別是多少嗎？

　　要想得出答案，我們需要借助方程式來解答。

　　設 x、y 為兩人的年齡，則有：$x^2-y^2=195$。即：$(x+y)(x-y)=195$，在這裡人的年齡都為正整數，所以這個式子可以因式分解為 $(x+y)(x-y)=3\times5\times13$，所以這個方程可以有這四種分解方式，即 1×195，3×65，5×39，13×15。

　　當 $(x+y)(x-y)=1\times195$ 時，根據這類方程式的特性，可以得出： $x+y=195$，$x-y=1$；解得：$x=98$，$y=97$。所

以，這對老年夫妻的年齡為98歲和97歲。

根據同樣的方式，可以依次算出中年夫妻的年齡為34和31歲；青年夫妻的年齡是22和17歲。還有一組解是14歲和1歲。但只要你用常識來思考一下就知道這不是符合題意的答案。因為1歲的嬰兒還不會走路呢，又怎麼能上公園晨運呢？所以應該排除這一組解。

【數學加油站】參加宴會的人數

在一次宴會上，在主人致祝酒詞之後，赴宴的人們便開始相互握手。有人統計了一下，這次宴會上所有的人都相互握了手，總共握了45次。根據這些情況，你能知道總共有多少人參加了這次宴會嗎？

一點就通

我們可以透過方程式來得到答案。設參加宴會的人數為N，每個人都要與除了自己之外的人握手。

又因為甲乙相互握手的次數算了兩次，所以總共握手的次數是 $\frac{N(N-1)}{2}$ 。

這樣就有了一元二次方程式： $\frac{N(N-1)}{2}=45$ ，解出答案為10。所以，參加宴會的人數為10人。

巧用方程式來破案

　　張劍和胡明是兩個國二的學生，他們所就讀的學校前幾天丟了一台教學用的電腦，大家都懷疑是在校門口開雜貨店的許三所為。因為自從學校出事後，他就不見了蹤影。員警叔叔讓同學們發現這個人以後立刻報案。

　　今天放學，張劍和胡明在一個偏僻的小巷子裡發現有人在賣遊戲卡，他倆尋聲望去，發現賣遊戲卡的人正是許三。

　　張劍對身邊的胡明說：「這個賣遊戲卡的人是犯罪嫌疑人，你去想辦法把他纏住，我去打電話通知員警。」

　　胡明走上前，說：「你有多少遊戲卡？我叔叔最喜歡收集各種卡片了。」

　　許三上下打量了一下胡明，半信半疑地說：「我這兒有3大本遊戲卡。全部遊戲卡中，有 $\frac{1}{5}$ 在第一本上，有 $\frac{y}{7}$ 在第二本上，在第三本上有303張遊戲卡。你說我有多少遊戲卡？」

　　一個過路人說：「這個賣遊戲卡的，在這兒吹半天牛了。你來算算，他究竟有多少遊戲卡。」

於是，胡明開始計算：設他有x張，第一本裡有$\frac{x}{5}$張，第二本裡有$\frac{xy}{7}$張，第三本裡有303張遊戲卡，可以列出一個方程式$\frac{x}{5}+\frac{xy}{7}+303=x$。

過路人說：「這一個方程式裡有兩個未知數，該怎麼辦？」

胡明眼珠一轉，對這個過路人說：「你看住這個賣遊戲卡的，別讓他走了。我去趟廁所。」說完轉身去找張劍。

胡明對張劍說：「這一個方程式中有兩個未知數，我不會。」

張劍拿著題目仔細琢磨，他說：「在解方程式時，不妨先把y當作已知數，只把x看作未知數，這樣就有：

$$\frac{x}{5}+\frac{xy}{7}+303=x；$$

$$x\left(1-\frac{1}{5}-\frac{y}{7}\right)=303；$$

$$x\frac{28-5y}{35}=303；$$

$$x=303\times\frac{35}{28-5y}；$$

胡明皺著眉頭說：「這麼解裡面還是含有y呀！」

「你別著急，我還沒有解完呢」張劍說，「由於代表的是遊戲卡的張數，y必然是正整數。我們看一下，y取什麼值才能保證 一定是正整數。」胡明說：「我說可以先把分子分解了303×35＝3×101×5×7×7，然

後看y取什麼值時，28-5y是分子的一個因數。」

「説得對！」張劍説，「當y=5時，28-5y=28-5×5=3，3是分子的一個因數。這時x= $303×\frac{35}{28-5×5}$ =3535張。這麼説，許三有3535張遊戲卡，嘿，還真不少！」

由於張劍和胡明纏住了許三，給員警叔叔贏得了時間，最後終於抓到了許三，而且員警還在他的出租屋內發現了被盜的電腦。張劍和胡明這次立了大功。

【數學加油站】雞兔同籠

若干隻雞和兔子被關在同一個籠子裡，籠裡有雞頭、兔頭共36隻，有雞腳、兔腳共100隻，問雞和兔子各有幾隻？

一點就通

設雞有x隻，則兔子有(36-x)隻，由題意，

得： $2x+4(36-x)=100$ 。

解之，得x=22。雞有22隻，兔有36-22=14(隻)。

只設不求的未知數

　　伊麗娜有位好朋友住在山上。這天，她一時興起要去拜訪這位朋友。伊麗娜先是以每小時4公里的速度走了一段平路，然後再以每小時3公里的速度爬上山。到了山頂，很不巧的是，這位朋友不在家，所以伊麗娜又按原路返回了。但在下山的時候，伊麗娜的速度明顯加快，變成了每小時走6公里。到達平地後，伊麗娜有些疲憊，所以還是以原來每小時4公里的速度走完了這段路程。

　　已知伊麗娜是從下午三點出發，晚上八點回到自己的家裡，那麼，你能根據這些條件算出她一共走了多少路程嗎？

　　如果不仔細分析，你可能會覺得這些條件是不足以來解答這道題的，其實並非如此。根據題目給出的條件，伊麗娜的整個路程分成以下四段：走平路、爬山、下山、再走平路。

　　我們可以設x為伊麗娜走完的全部路程，她上坡(或下坡)走過的路程為y。

則根據條件，可以得出：伊麗娜第一次走平路所花的時間是 $\frac{\frac{x}{2}-y}{4}$；她爬山所用的時間是 $\frac{y}{3}$；她下山所用的時間為 $\frac{y}{6}$；最後，她再走平路用的時間是 $\frac{\frac{x}{2}-y}{4}$。

由此，可以列出方程：$\frac{\frac{x}{2}-y}{4} + \frac{y}{3} + \frac{y}{6} + \frac{\frac{x}{2}-y}{4} = 8-3$

經過計算，我們發現，在整理化簡方程式時，y這個未知數得以消除了，原方程式也就變為 $\frac{x}{4}=5$，由此，可以得出x＝20公里。所以，伊麗娜走過的全部路程是20公里，但她在四個分段路程分別走了多少公里，我們卻不得而知。也因此，我們一開始設的y也就變成了一個只設不求的未知數。

【數學加油站】這條藍鯨有多長

有一條藍鯨，頭長3米，身長等於頭長加尾長，尾長等於頭長加身長的一半。

請你算一算，這條藍鯨全身長多少米？

一點就通

設它的尾長為x米，則身長為(x+3)米，因為尾長是頭長加身長的一半，所以得方程式：$x=\frac{1}{2}(3+x+3)$，得x＝6。藍鯨的全身長為：3+(6+3)+6=18(米)。

方程式王國裡的夫妻速配

　　這天，維利卡的雜貨店裡來了三對夫妻，他們的名字分別為：伊凡、彼得、亞力克、瑪麗亞、卡狄麗娜以及安娜。買完商品之後，這三對夫妻決定考考維利卡。

　　於是，在不知道他們之間的對應關係的情況下，維利卡只被告知，瑪麗亞比彼得少買了7件商品，卡狄麗娜比伊凡少買了9件，並且他們6人中每個丈夫都比自己的妻子多花了48元，他們所買的商品數量的平方與買商品所花的金額相等。

　　只憑這些條件，你覺得維利卡能說出這三對夫妻之間的對應關係嗎？其實，這可難不倒經常和數學打交道的維利卡。在一番思索之後，維利卡開始解答了：

　　在這6人當中，設1個丈夫買了x件商品，1個妻子買了y件商品，根據他們告知的內容，則一個丈夫需要付出的商品價錢為x^2元，一個妻子則需付y^2元，根據條件，可知：$x^2-y^2=48$，即$(x-y)(x+y)=48$

　　在這裡，x、y都為正整數，並且要想使式子成立，$(x-y)$和$(x+y)$中的其中一個必為偶數，因此：$x+y > x-y$

　　然後，再回到式子：$(x-y)(x+y)=48$，根據48這個數的特性以及問題的條件，可以得出以下這幾種情況：

$48=2\times24$

$\quad=4\times12$

$\quad=6\times8$

即$x-y=2$，$x+y=24$；

$\quad x-y=4$，$x+y=12$；

$\quad x-y=6$，$x+y=8$；

透過解答，可以得出三組答案：

$x=13$，$y=11$；$x=8$，$y=4$；$x=7$，$y=1$。

　　因為卡狄麗娜比伊凡少買了9件，所以滿足$x-y=9$這個條件的答案只有1種，所以很容易得出卡狄麗娜買了4件，伊凡買了13件商品；而瑪麗亞比彼得少買了7件商品，根據剛才的三組答案，可知滿足這個條件的只有1種，即$x=8$，$y=1$時，所以很快得知瑪麗亞只買了1件，而彼得買了8件。

　　進行到這裡，維利卡已經不難得出這三對夫妻之間的對應關係和他們所購買的商品數。

　　即伊凡(13件)和安娜(11件)是一對；第二對是彼得(8件)和卡狄麗娜(4件)；最後一對則是亞力克(7件)和瑪麗亞(1件)。

　　正是憑著自己對數學的熟知和巧思，維利卡順利通

過了這三對夫妻的考驗。可見，看似枯燥的方程式王國裡也有這般有趣的夫妻速配。

【數學加油站】老太太買手帕

售貨員薩姆的帳目混亂得一塌糊塗。這都歸咎於一個古怪老太太的奇特購貨行為。她先是買了副鞋帶，接著又買了等於鞋帶副數4倍的針線包，最後又買了等於鞋帶副數8倍的手帕。一共花費了3.24美元，買進每件東西所花的美分數正巧等於她買進這種東西的件數。現在薩姆要計算這位老太太究竟買了多少條手帕？

一點就通

設老太太買了x副鞋帶，那她一定買了$4x$個針線包，$8x$條手帕，這些東西的平方和等於3.24美元，由此可解出$x=2$，所以這個老太太買了2副鞋帶，8個針線包，16條手帕。

牛吃草的數學題

　　這是契訶夫所寫的小說《家庭教師》中的一個非常搞笑的故事情節。

　　家庭教師給他的學生出了這樣一道題：

　　整個牧場上的草長得一樣密，生長的速度也一樣快。現在已知要吃完牧場上的草，70頭牛需要用24天，而30頭牛則需要用60天。那麼，如果要在96天內把牧場上的草吃完，需要多少頭牛？

　　學生接到這個題目以後，就找了兩個成年的親戚來幫他做。做了很久也沒有結果，他們感覺非常困惑。

　　其中一個親戚認為這是太簡單的一個問題，甚至完全用不著思考，答案當然是70的四分之一，也就是 $17\frac{1}{2}$ 頭牛了……這個顯然不對。

　　讓我們再看看下一個條件：30頭牛用60天可以把草吃完，多少頭牛用96天能吃完這些草？結果是：$18\frac{3}{4}$ 頭，顯然這也是不正確的。還有，題目本身也有一些讓人困惑的地方，既然70頭牛吃完草需要用24天，那麼30頭牛只用56天就可以吃完這些草了，但是題目中卻說要

60天。

另一個親戚答道：「你沒有把草一直在生長這個條件考慮進去吧？」

這句話非常對：草在不停地生長，如果不把這個因素考慮進去，不僅這個題目做不出來，我們甚至會懷疑題目本身的正確性，覺得題中所給出的條件都是自相矛盾的。

那麼，到底應該怎樣解答這道題目呢？

在這裡，我們需要用一個輔助的未知數來表示每天長出的草在牧場上草的總量中所占的比重。設一天長出的草為y，那麼24天就能長出24y；假設牧場上草的總量是1，那麼24天裡70頭牛吃掉的草的總量就是1+24y，則這群牛一天吃掉的草就是：$\frac{1+24y}{24}$，

由此可以看出一頭牛一天吃掉的草就是：$\frac{1+24y}{24\times70}$。

同樣，由於30頭牛用60天可以把牧場上的草吃完，所以，一頭牛一天吃掉的草就是：$\frac{1+60y}{60\times30}$。

由於每頭牛每天吃掉的草是一樣的，所以我們可以列出下面的方程式：

$$\frac{1+24y}{24\times70}=\frac{1+60y}{60\times30}$$

解這個方程可以得出：$y=\frac{1}{480}$。

依據這個已經算出了的每天長出的草占牧場上草的總量比重y，利用下面的方程式，我們很容易就能求出

一頭牛一天吃掉的草占原來牧場上草的總量的比重是：

$$\frac{1+24y}{24\times70} = \frac{1+24\times\frac{1}{480}}{24\times70} = \frac{1}{1600} \quad 。$$

然後，我們設所求的牛的數量是x，

列出最後解這道題的方程式：

$$\frac{1+96\times\frac{1}{480}}{96x} = \frac{1}{1600} \quad ，解這個方程式，可得：x=20，$$

即如果要用96天的時間把牧場上的草吃完，需要20頭牛。

【數學加油站】遺產如何分配

一位寡婦將同她的即將生產的孩子一起分享她丈夫遺留下來的3500元遺產。

如果生的是兒子，那麼，按照羅馬的法律，做母親的應分得兒子份額的一半；如果生的是女兒，做母親的就應分得女兒份額的兩倍。

可問題是，她生了一對龍鳳胎一男一女。遺產應怎樣分配才符合法律要求呢？

一點就通

如設母親的份額為x，母親是兒子份額的一半，那

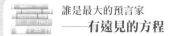

麼，兒子將是$2x$；而母親是女兒份額的2倍，則女兒是 $\frac{x}{2}$ ，又因為總額是3500元，所以$x+2x+\frac{x}{2}=3500$，$x=1000$。

寡婦應分得1000元，兒子分得2000元，女兒500元。寡婦所得的恰是兒子的一半，又是女兒的兩倍，完全符合法律規定。

猜數字「遊戲」的祕訣

　　很多人都玩過猜數字「遊戲」，在玩這種遊戲時，出題人一般會建議你先想好一個數字，然後加上2，乘以3，減去5，再減去你原來所想的那個數字……這樣經過五步或者十步之後，他會問你最後的結果，當你說出你的結果以後，他立刻就能告訴你你原來想的那個數字是什麼。

　　這種遊戲貌似神奇，其實原理非常簡單。它就是透過解方程式來實現的。比如，玩遊戲時，出題人讓你完成的運算程式如下面表格左邊一欄所示：

想好一個數	x
將這個數加2	$x+2$
用所得結果乘以3	$3x+6$
減去5	$3x+1$
減去你原來所想的那個數字	$2x+1$
乘以2	$4x+2$
減去1	$4x+1$

在完成上面的一系列運算程式之後，出題人會讓你告訴他最後的結果，聽了你的回答之後，他馬上就會說出你最開始時所想的那個數字。

他是怎麼做到的呢？其實非常簡單，只要看一下上面表格的右邊一欄你就可以明白了。

出題人其實事先把要讓你做的事轉換成了代數語言。從右邊一欄裡我們很容易能看出，如果你一開始想到的數字是x，那麼經過上面一系列運算之後，得到的結果就是$4x+1$。

比如，當你告訴他最後的結果是33時，他的頭腦中立刻就會列出這樣一個方程式$4x+1=33$。如此簡單的方程式，當然能迅速地得出結果$x=8$了。

同樣道理，當你說出是其他的數字時，他也是用同樣的方法計算出來的。這就不難理解為什麼當你說出最後的結果之後，他可以立刻告訴你，你一開始所想的數字了。

可見，這是一件非常簡單的事情，出題人在玩遊戲之前就想好了要怎樣根據你給出的結果，計算出你之前所想的數字。

明白這些之後，為了讓你的同伴覺得更加神奇，你就可以試著「升級」這種數字遊戲了。

比如，你可以讓你的玩伴們自己來決定對他所想的

數字進行什麼樣的運算程式。玩的時候，你可以讓他想好一個數，然後允許他以任何順序進行，例如加上或者減去一個數，乘上一個數，加上或減去他預先想好的那個數……為了把你弄得更加迷糊，你的玩伴一定會說出許多步的運算。

例如，當你的玩伴想好了一個數字以後，他便會一邊默默地計算，一邊告訴你，他要將這個數乘以2，加上3，再加上他一開始所想的數；然後再加上1，乘以2，減去開始時所想的數，減去3，減去一開始所想的數，減去2。

最後，再把所得的結果乘以2，加上3。

他覺得他已經成功地把你弄糊塗了，便得意洋洋地告訴你，結果是49。卻沒有料到你立刻告訴了他，一開始時他所想的那個數字是5。這個正確答案讓他目瞪口呆，覺得非常神奇。

你的做法其實也非常簡單。當你的玩伴想好了一個數時，你心裡就產生了一個未知數x，當他用他所想的數乘以2時，你就對x進行同樣的運算，這時你所得的結果就是$2x$。

接著，他用所得結果加3，你所得的結果就變成了$2x+3$……就這樣，一直到他以為已經把你繞暈，做了上面所有的運算之後，你就得到了如下表右邊一欄所示

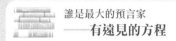
的結果：

我想好了一個數	x
乘以2	$2x$
加上3	$2x+3$
加上開始所想的那個數	$3x+3$
加上1	$3x+4$
乘以2	$6x+8$
減去開始所想的那個數	$5x+8$
減去3	$5x+5$
減去開始所想的那個數	$4x+5$
減去2	$4x+3$
最後，用所得的結果乘以2	$8x+6$
加上3	$8x+9$

　　到了結束的時候，你就得到了一個關於x的運算式$8x+9$，這個運算式的值就是他所說的運算結果。

　　這時他告訴你運算的結果是49，那麼你就可以列出方程$8x+9=49$，這是個非常簡單的方程，所以你很快就

可以告訴他，他一開始所想的那個數是5。

　　這個遊戲好玩的地方就在於，你讓你的玩伴自己想做什麼運算就做什麼運算，而並不是你告訴他要做什麼運算。

　　只要稍作練習，你就能跟你的玩伴玩這種「遊戲」了。不過這種遊戲也不總是這麼好玩。

　　比如，出現下面這種情況時，我們就很難再把遊戲繼續下去了。

　　做了一連串的運算之後，你得到了一個關於x的運算式$x+14$，而這時，你的玩伴告訴你下一步運算是減去他一開始所想的數字。

　　你計算以後發現，所得到的只是一個數字14而不是什麼方程式。

　　這樣，你是沒有辦法猜出他所想的數字的。面對這種情況，你應該馬上打斷你的朋友，然後告訴他，他所得到的結果是14。

　　他什麼也沒告訴你，只是一直運算，你卻告訴他一個正確的結果，這一定會讓他非常困惑。這樣遊戲就又變得好玩了。

　　下面的表格和之前的一樣，左邊是你的玩伴所要求的運算，右邊是你的計算過程：

我想好了一個數	x
用它加上2	$x+2$
乘以2	$2x+4$
加上3	$2x+7$
減去我開始所想的那個數	$x+7$
加上5	$x+12$
減去我開始所想的那個數	12

當你得出的程式中不再含有未知數，而只有一個數字12時，你就要立即打斷你的玩伴，告訴他，他得出的結果是12。

這樣，遊戲的樂趣就依然存在了。

【數學加油站】男生和女生的差數

某班有50個學生，其中，26個是男生，24個是女生。這個班分成甲乙兩個組，甲組30人、乙組20人。

我們不知道這兩個組中男女生的確切人數，但知道甲組中男生的比例要大於乙組中女生的比例。

甲組中的男生比乙組中的女生多多少？

一點就通

令x=甲組男生的數目，y=甲組女生的數目。

由條件，$x+y=30$，即$y=30-x$

乙組中女生的數目=$24-y$。因此，甲組的男生和乙組的女生的差是：

$x-(24-y)$

在上式中，以$30-x$替代y，得：

$x-[24-(30-x)]$

上式的計算結果是6。

因此，甲組中的男生比乙組中的女生多6個。

Chapter 06

「頭疼」的電話號碼
——生活中的數學

Stories about Mathematics

電話加碼引出的麻煩

由於忙於準備考試，高智友很長時間沒給奶奶打電話了，今天是奶奶的生日，一定要給她打一個電話。吃過晚飯，智友撥通了奶奶的電話。電話的那一端卻傳出了：「您撥打的電話號碼已由7碼升為8碼，現在電話號碼是××××××××。」

奇怪，好好的怎麼加碼了？智友嘀咕著，身旁的爸爸說：「智友，電話號碼加碼是為了增加電話的數目，你算算，如果一個城市的電話號碼比如由7碼上升到8碼，將淨增多少門電話呢？」

智友想了一想，然後回答道：「我們得先計算，電話號碼是7個數字(除去長途區號)的電話有多少門。

先從最簡單的情形來尋找規律。

假如電話號碼只有兩個數字，由於首位數字不是零，因此只能是1、2、3……9這9個數字。因此說首位是『1』的話，第2位可以是0、1、2……9之一，可以組成10、11、12……19共10個號碼。同樣，首位是2、3、4……9也各有10個號碼。因此兩位數號碼共有

9×10=90(個)。

　　再在兩位數號碼的基礎上考慮3位數號碼。對於每一個兩位數號碼，第3位數上又可以是0、1、2……9共10個數。這就是說，每一個兩位數號碼又都可擴展為10個3位數號碼，由於共有90個兩位數號碼，因而3位數號碼共有90×10=900(個)。

　　以此類推，4位數號碼應有9000個，5位數號碼有90000個，6位數號碼有900000個，7位數號碼有9000000個，即是900萬個。

　　照這樣推算，8位數號碼就有9000萬個。所以一個城市電話號碼由7碼上升為8碼，將淨增電話：

　　9000-900=8100(萬門)」

　　智友一口氣算出了答案，爸爸滿意地笑了。智友想起了剛才沒做完的事情，又按新號碼撥通了奶奶家的電話。

【數學加油站】號碼趣猜

　　王傑又換了新的電話號碼，他發現，有3個特點使他新的電話號碼很好記：首先，原來的號碼和新換的號碼都是四位數字；其次，新號碼正好是原號碼的4倍；再次，原來的號碼從後面倒著寫正好是新的號碼。

所以，他毫不費勁就記住了新號碼，那麼他的新號碼究竟是多少？

一點就通

設舊號碼是ABCD，那麼新號碼是DCBA。已知新號碼是舊號碼的4倍，只要滿足：

$4 \times (1000 \times A + 100 \times B + 10 \times C + D) =$

$1000 \times D + 100 \times C + 10 \times B + A$（1）式

所以A必須是個不大於2的偶數，即A等於2。

$\frac{ABCD \times 4}{DCBA}$ 由豎式可知，D=2A=8。

將A=2，D=8代入（1）式，整理得

13B+1=2C，顯然，0不符合條件，在1~9中，透過計算會發現僅B=1，C=7時，滿足條件（試數時，記得B＜C），所以，王傑的新號碼是8712。

房屋面積引發的爭端

　　房屋面積有使用面積和建築面積兩種測算標準。一般來說，居民交房租是按使用面積來計算的，而購買房子的價格是按建築面積來核算的。使用面積和建築面積之間有什麼區別？它們又是如何計算的？

　　大體上說，使用面積是住房可以正常利用的面積，包括臥室、客廳、廚房、浴廁、儲藏室等。而建築面積是所在建築的整個外牆邊線所包圍起來的面積。顯然，房屋的建築面積比使用面積更多，多出的部分就是牆體及結構厚度所占面積。

　　建築學上將使用面積與建築面積的比值稱作房屋的使用率，用百分比來表示。房屋的使用率一般是70%到72%。例如，買一間建築面積是115平方米的房子，其使用面積按70%的使用率計算的話，便是115×70%=80.5(平方米)。

　　又如，小紅家租了一間房子，按55平方米的使用面積繳納房租，這住房的建築面積是55÷70%≈78.56(平方米)。

應該注意的是，隨著房地產業的飛速發展，結構合理又品質上乘的住宅使用率可以提高到80%，充分利用了有限的土地資源。

在許多預售屋交易中，開發商只追求房屋的建築面積，往往忽視房屋使用面積，這給許多交易的正常進行埋下了隱患。所以，告誡大家：買房時一定要分清使用面積和建築面積。

【數學加油站】這塊地的最大面積

一個矩形田地的周長是3000米。如果你能夠把它改造成任何圖形，那麼能夠包含在這個周長之內的最大面積將是多少？

一點就通

通常的做法是把它改造成正方形。因為正方形與矩形周長相同時，正方形的面積始終比較大些。然而，這道題答案卻是把它改造成一個圓。

透過計算比較可以知道：圓周長＝$\pi \times$直徑＝3000米，所以直徑＝3000÷π＝954.80585米，求出半徑r＝477.40米，這個圓的面積＝πr^2＝716104.31平方米，而如果是改成正方形，它的面積只有562500平方米。

花錢花出來的學問

劉薇花錢很厲害，才上國中的她一個月就會花掉幾百塊錢。今天，她又沒錢了。她纏住剛要出門的爸爸要零用錢。

爸爸拿出一張50的給她，她嘟著嘴說：「這星期小胖過生日，我肯定要準備生日禮物的。」

爸爸靈機一動，說：「我考考你，你能答對了，我就給你更多的錢。」

劉薇一聽，高興地點了點頭。於是，爸爸問道：「你這麼喜歡花錢，我問你，你說錢為什麼只有1、2、5角，1、2、5元，10、20、50元？」

劉薇答不上來，只好向媽媽求救。媽媽告訴她：「由於港幣是在市場上流通的貨幣，銀行在發行時就希望貨幣的票額品種儘量少，但又能容易組成1至9這9個數字。

這樣就既能減少流通中的麻煩，又能順利完成貨幣的使命。而1、2、5是可以符合上述要求的最佳選擇之一。

因為用1、2、5本身之外，其他數最多用3個。

如：

1+2=3　　　　2+2=4　　　　5+1=6；

5+2=7　　　　5+2+1=8　　　5+2+2=9；

這就是說，港幣的面額有1、2、5幾種就夠了，不需要面額是3、4、6、8、9元等。

同樣也只需10、20、50元便能最方便組成30、40、60、70、80、90元。例如：

10+20=30　　　20+20=40　　　50+10=60；

50+20=70　　　50+20+10=80；

50+20+20=90；

根據同樣的數學道理，可以設想，只需面額是100、200、500元三種港幣，也能最方便地湊成300、400、600、700、800、900元。」

媽媽看了看好像明白了一點的劉薇又繼續說：「世界上很多國家的貨幣也是由1、2、5幾個票額組成，但也有的國家貨幣由1、3、5這幾個面額組成，這當然也符合方便、簡單的要求，因為用1、3、5也很容易組成10以內的任何自然數。例如：

1+1=2　　　3+1=4　　　3+3=6　　　5+1+1=7

5+3=8　　　5+3+1=9。」

聽完媽媽的解答，劉薇立刻高興地把答案告訴正準

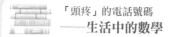

備出門的爸爸。

爸爸聽後，給了她100元。

【數學加油站】付款方法

易琳錢包中共有港幣14元8角，其中1角、2角、5角幣各有1張，1元幣4張，5元幣2張。在不用商店找錢的情況下，易琳用錢包中的這些港幣任意付款，請問可以付出多少種不同金額的款？

一點就通

用1角、2角、5角幣各1張，可以付出1角、2角、3角、5角、6角、7角、8角共7種不同整角款。

用4張1元幣和2張5元幣，可以付出1元、2元、3元……13元、14元共14種不同的整元款。

14種整元付款方法中的每一種，都可以和7種整角付款方法中的每一種結合，又可以付出7×14=98(種)不同的款，比如，13元7角就是其中的一種。因此，總共可以付出7+14+98=119(種)不同的款。

簡單計算找零錢的技巧

　　王奶奶負責全家的食品採購，因此她經常要和菜販打交道。

　　這就涉及到許多找錢的問題。今天週末，王奶奶帶著上小學的孫女露露去買菜。經過討價還價，她將每斤1元的洋蔥壓價成每斤9角，她買了3斤，拿出一張10元的港幣給菜販。

　　菜販接過錢後，從一疊零錢裡抽出1張5元、1張1元、3張1角，然後一邊找錢一邊對王奶奶說：「這是5元、6元、6元1角、6元2角、6元3角，找你6元3角，數一數，對不對？」

　　王奶奶接過錢，數了一遍，不多不少，正好是6元3角。

　　王奶奶說聲「不錯」，提起菜籃正要走，露露拽住了奶奶，對菜販說：「九角一斤買三斤，一共是兩塊七毛，奶奶給了你十元，十元減去兩元七角應該是七元三角。你少找了一元。」奶奶算了算，是少找了一元。

　　菜販把少找的一元交給了王奶奶。

也有的時候，應付2元7角，王奶奶拿出10元，但賣主找回8元3角，多找了1元。露露和奶奶買完菜往回走，祖孫倆邊走邊說，露露把自己在學校的簡算知識運用到找錢上，她告訴奶奶：「2元7角，就是3元少3角。如是整數3元，那麼給10元應找7元。現在是3元少3角，找回的應是比7元多3角。如果實際找出的是8元多或6元多，肯定找得不對。」

奶奶贊同地點了點頭。

露露又接著說：「算帳的時候，如果一下子就考慮得很細很細，有可能『抓住芝麻，丟掉西瓜』，因小失大。驗算要先抓『西瓜』，算『大瓜』。看看得數的首位數對不對，如果大數目對了，有時間再抓一抓『芝麻』，算算細帳。實在沒有時間就算了。即使小數目有點誤差，損失也是微乎其微。」

祖孫倆到了家，奶奶高興地告訴大家：「學好數學真管用。生活中到處都需要數學。」

【數學加油站】賺了還是賠了

有個人買了兩台收音機，後來又以每台60元的價格將其出售。

其中的一台賺了20％，而另一台賠了20％。與當

初他買了這兩台收音機的價格相比,這個人是賺了,賠了,還是持平?

一點就通

他賠了5元。

賺了的那台,購買價格=60÷(1+20%)=50元;

賠了的那台,購買價格是=60÷(1-20%)=75元;

所以,他花了125元買的兩台收音機最後只賣了120元,賠了5元。

這樣洗衣服更省水

地球上水資源越來越匱乏，水費越來越貴，節約用水是每個家庭都應該考慮的問題。吳豔媽媽更是精打細算，她認為，要省水必須要從節約洗衣用水開始。有一個問題吳豔媽媽怎麼想都想不明白。

洗一件衣服，有人要用較多的水才能洗乾淨，有的人只需一些水就行了。或者說，同樣多的水，有人能把衣服洗得乾乾淨淨，有的人卻不行。

這是什麼原因呢？她把這個問題講給吳豔聽，吳豔經過思考，告訴媽媽：「假設一件髒衣服上的污垢(即髒的東西)是10克重，有一桶清水為10升，洗衣完畢擰乾後衣服裡面還有1升水。透過以下兩種方法洗衣服比較一下衣服的洗淨程度。

方法一：將整桶水一次性全部倒進衣盆中。洗衣時，污垢10克，清水10升，每升清水溶解污垢1克。由於擰乾後，衣服上留有1升水，這1升水也含污垢1克。這就是說，洗淨的衣服上含污垢1克。

方法二：將10升水分成兩盆，每盆5升。先用第一

盆水洗，污垢10克，清水5升，每升含污垢2克。再用第二盆水洗，污垢2克(第一次擰乾的衣服上帶的)，清水5升，衣服上帶1升，共6升，因此每升水含污垢 $\frac{1}{3}$ 克。

再一次擰乾後，衣服上仍然留1升水，因此這時衣服上含污垢只有 $\frac{1}{3}$ 克。比較衣服上污垢的多少，顯然第二種方法更為合理些。用同樣多的水，衣服上的污垢少 $1-\frac{1}{3}=\frac{2}{3}$ (克)，衣服洗得更加乾淨。」

吳豔最後提醒媽媽說：「並不是將同樣體積的水的份數分得越多越好。可以想像，若水的體積太少，污垢就不能充分溶解，何談將衣服洗得乾淨。」

【數學加油站】冰水的體積問題

冰融化成水後，它的體積減小 $\frac{1}{12}$，那麼當水再結成冰後，它的體積會增加多少呢？

一點就通

$\frac{1}{11}$ 。假設現在有12ml的冰，這冰融化後，變成水，體積減小 $\frac{1}{12}$，也就是只剩下11ml的水。當這11ml的水再結成冰時，則又會變成12ml水，對於水而言，正好增加了 $\frac{1}{11}$ 。

利用地圖求面積的訣竅

期中考試結束後，潘園園沮喪地回到家。原來，她的數學沒考好。有一道從地圖上算面積的數學題把她難住了。

爸爸下班回到家，園園把這道題目告訴爸爸。爸爸開始給園園講用地圖求面積的問題。

在地圖上不但可以量出距離，而且還可以算出面積。

例如，在比例尺是1：6000000的地圖上，圖上1釐米就相當於地面上60公里，即圖上1釐米見方的正方形，就相當於地面上60公里見方的正方形。也就是說地圖上1平方釐米，相當於地面上60×60=3600(平方公里)。

根據這個道理，我們要知道台北市的面積，只要算算北京市在地圖上的面積，就可以推算出來。

但是，台北市在地圖上的形狀，並不是規則的圖形，求它的面積沒有現成的公式可套用。如何計算呢？

找一塊透明塑膠板或者一張透明紙，每隔一定距離，比如說，每隔1釐米就劃一個點，點與點之間的距

離也是1釐米。這些整整齊齊的「格點」就成了我們量面積的工具。

如果要計算某個圖形的面積,我們就把格點板放在圖形上,數一數有多少個格點落在了圖形的內部,圖形的面積就是多少平方釐米。

不過,用這個方法求得的面積是有誤差的。因為,落在圖形中的格點數總是自然數,而彎彎曲曲的邊界包圍的面積的大小有可能是個帶分數,這兩者是不可能相等的。

為了減小誤差,我們可以把格點板轉換一個角度,被包圍在圖形中的格點數會發生一點變化,重新數一數結果。這樣重複幾次,求出平均數,就能得到較好的結果。

園園聽完爸爸的講述,決定吃完晚飯就按照這種方法親自動手量一量台北的面積。

【數學加油站】用秤稱出S的面積

假如有一張比例尺是1:1000000的地圖,它的長是1米、寬0.6米。地圖上有一個不規則的地方S,怎麼樣用秤稱出S的面積呢?

一點就通

將這張地圖黏合在一張平整的木板上，秤出整個木板的重，假定為g克。

再在地圖上將S這個地方鋸下，秤一下其重，假定是x克，可以這樣計算：

S的實際面積：整個地圖實際面積 $\approx \frac{g}{a}$ 。

如何求出整個地圖的實際面積呢？由於比例尺是1：1000000，這就是說地圖上1釐米就相當於地面上實際10公里，地圖上1平方釐米就相當於地面上實際面積：

10×10=100(平方公里)

由於這張地圖的面積是：

1米×0.6米=0.6平方米=6000平方釐米

相當於地面上的實際面積：

100×6000=600000(平方公里)

因此，地圖上S這個地方的實際面積：

600000× $\frac{g}{a}$ (平方公里)

巧算水庫魚的數量

週末，田玲一家人開車去水庫玩。水庫周邊景色很美，水庫裡邊也養了很多魚。喜歡動腦筋的爸爸又想考考田玲了。

他想了想對玲玲說：「承包人準備從水庫捕撈一些魚供應市場，但不能捕撈太多，否則會影響魚的繁殖，來年就捕不到多少魚了。因此，有必要弄清楚水庫裡到底有多少條魚，以便做出捕撈計畫。你能測出水庫裡有多少條魚嗎？」

田玲說：「選出水庫中1平方米的水面，數一數水面下有多少條魚，再乘以整座水庫的水面面積，不就是水庫中魚的總數了嗎？」

爸爸問田玲：「你仔細一想，這個辦法能行得通嗎？魚是游來游去的，你能數清楚1平方米水面下的魚的條數嗎？」

田玲不解地搖了搖頭。爸爸告訴她，有經驗的漁業人員自有妙法。他們捕1000條魚，給每條魚都做一個記號，比如，在魚的尾巴上剪去小小的一角，然後放回水

庫中。這些魚便會自由地分佈在水庫中的每一個角落。

過幾天後，漁業人員再捕撈上1000條魚，一看，其中有25條是做過記號的。也就是說，這1000條魚中，有記號的占 $= \frac{25}{1000} = \frac{1}{40}$。

現在假定水庫中有 x 條魚，由於水庫中已分散做過記號的1000條魚，做過記號的魚數占全部 x 條魚的幾分之幾呢？當然是 $\frac{1000}{x}$，這一個比值與前一個比值 $\frac{1}{40}$ 應該大致相等，即 $\frac{1000}{x} \approx \frac{1}{40}$，從而可以求出 $x \approx 40000$(條)。

水庫中的魚數大約是4萬條，承包人捕上2萬、3萬總該沒問題吧。

為什麼說是「大約」呢？因為這裡面是有誤差的。設想一下，若你也去水庫中捕捉1000條魚，你能保證其中一定有25條做過記號的嗎？那不能肯定吧。事實上，每捕撈1000條魚，做過記號的魚的數量會有變化，透過比例計算出來的 x 就不同了。

有關的數學知識告訴我們，儘管每捕撈1000條魚，其中有記號的魚的數量會發生變化，但這種變化是會遵循一定規律的。一旦掌握了這種規律，我們不但可以應用比例的方法估計水庫中魚的總數量，而且還可以預見到這個估計會有多大的誤差。

這樣一來，我們就能按照水庫中魚的總量，做出科學的捕撈計畫。

田玲終於弄明白了，她高興地點了點頭，更佩服爸爸知識淵博了，同時也讓她堅定了學好數學的決心。

【數學加油站】年齡的妙答

5歲的小毛有兩個哥哥，大哥20歲，二哥15歲，他們的爺爺今天70歲，那麼幾年以後，小毛三兄弟的年齡之和與他們爺爺的年齡相等呢？

一點就通

設過x年，三人的年齡與爺爺的年齡相等，

$70+x=(20+x)+(15+x)+(5+x)$，解得$x=15$

即15年後3人年齡之和與爺爺年齡相等。

他吃了多大的虧

顧客拿了一張百元鈔票到商店買了25元的商品，老闆由於手頭沒有零錢，便拿這張百元鈔票到朋友那裡換了100元零錢，並找了顧客75元零錢。顧客拿著25元的商品和75元零錢走了。過了一會兒，朋友找到商店老闆，說他剛才拿來換零錢的百元鈔票是假鈔。

商店老闆仔細一看，果然是假鈔，只好又拿了一張真的百元鈔票給朋友。

你知道，在整個過程中，商店老闆一共損失了多少財物嗎？（注：商品以出售價格計算。）

經過計算，會知道商店老闆損失了100元。我們可以來一一分析。老闆與朋友換錢時，用100元假幣換了100元真幣，此過程中，老闆沒有損失，而朋友虧損了100元。老闆與持假鈔者在交易時：100=75+25元的貨物，其中100元為兌換後的真幣，所以這個過程中老闆沒有損失。

朋友發現兌換的為假幣後找老闆退回時，用自己手中的100元假幣換回了100元真幣，這個過程老闆虧損了

100元。所以，整個過程中，商店老闆損失了100元。老闆與其朋友之間只是兌換關係，並無實質意義，千萬別被其迷惑。

【數學加油站】四人大採購

　　四個同學一起去大賣場，他們每個人買了一樣東西，分別是：一個隨身聽，一雙鞋，一條褲子，一件上衣。這四件商品正好是在這個大賣場的四層中分別購買的。已經知道：甲去了一樓；隨身聽在四樓出售；乙買了一雙鞋；丙在二樓購物；甲沒有買上衣。

　　那麼，你能判斷他們分別在幾樓買了什麼東西嗎？

一點就通

把已知的條件列入下表：

購物者	樓層	商品
甲	一樓	
	四樓	隨身聽
乙		鞋
丙	二樓	

由於這四件商品是在同一個大賣場的四層樓中分別購買的，表格中一眼可看出乙在三樓買了鞋；根據甲沒有買上衣，所以上衣是丙在二樓買的；最後，褲子是甲在一樓購買的。綜合上述，甲在一樓買了一條褲子，乙在三樓買了一雙鞋；丙在二樓買了一件上衣；丁在四樓買了一個隨身聽。

輕鬆知道今天是星期幾

　　古巴比倫人發明了星期的說法。他們把火星、水星、木星、金星、土星、太陽、月亮加在一起，制定出了月曜日(星期一)、火曜日(星期二)、水曜日(星期三)、木曜日(星期四)、金曜日(星期五)、土曜日(星期六)、日曜日(星期日)。

　　這種用周來劃分月份的方法，為人們制定計劃提供了更好的工具。

　　可是一個星期有7天，你能算出從今天開始100天以後是星期幾嗎？

　　如果一天天的數，中間十有八九會出錯。這時如果能夠找出日曆當中隱藏的數學知識，這件事就會變得很簡單了。

　　首先想一想今天是星期幾，之後把「一周有七天」記在腦子裡，不管是100天後、1000天後，還是345天後，想要知道那天是星期幾，這個問題就會迎刃而解。

　　「今天是星期五，那麼100天之後的那天是星期幾呢？」

如果今天是星期五的話，14×7=98，98天後的那天還是星期五，100天後的那天就相當於星期五再過兩天，那就是星期日。

　　1000天後的那天是星期幾也可以利用同樣的方法進行計算。1 000÷7=142.85……雖然不能整除，但我們可以知道142×7的結果在1000之內；142×7=994呢？如果今天是星期日，那麼994天後也是星期日，再向後數6天，1000天後的那天是星期六。

　　利用同樣的方法，「1000天前的那天是星期幾」這樣的問題也可以不在話下了。如果今天是星期六，那麼994天前就是星期六，那麼1000天之前就應該是星期六之前的第六天，也就是星期日。

　　你看懂了嗎？自己寫一個數字測驗一下，看看和日曆上的星期是否相同。

【數學加油站】糊塗的強盜

　　幾個強盜搶了一群馬，可是卻不能平分，這個問題難住了他們。如果每人分6匹就會剩下5匹；如果每人分7匹，又會少8匹。

　　幾個強盜爭論不休，最後竟然吵到縣衙，要新上任的縣官給他們主持公道。結果，聰明的縣官很快就明白

了這些糊塗強盜一共搶了幾匹馬，並且把這幾個強盜統統繩之以法。

你知道縣官是如何算出有多少個強盜和多少匹馬的嗎？

一點就通

解題時，可以採取列方程式的方法。這道題只有一個未知數，那麼，我們就設有x個強盜，則有：

$6x+5=7x-8$，解得$x=13$，$6x+5=83$。

所以一共有13個強盜，83匹馬。

Chapter 07

天才也瘋狂
——享譽中外的數學家

Stories about Mathematics

當之無愧的數學大師：
畢達哥拉斯

2700多年前，偉大的數學家畢達哥拉斯在古希臘誕生了。他年輕時曾經拜一些著名的哲學家、數學家為師，後來又到外國去生活了二十多年，廣泛學習許多的天文學和數學知識。五十歲的時候，他回到自己的國家，創辦了自己的「學校」，這就是我們曾經提過的「畢達哥拉斯學派」。

這個學校有著許多嚴格、神祕的戒律。學生們要把自己的財產交出來，共同使用，不許有自己的錢財。學生的知識全都由畢達哥拉斯來傳授。但是，並不是每個學生都有資格能見到自己的老師。還有許多奇怪的規定，例如，不準吃豆子，甚至連豆子地也不準踩。每個新入學的學生都得宣誓，嚴格遵守祕密，並終身只加入這一學派，誰也不準將知識傳播到學派外面去，否則就將受到極其嚴厲的懲罰。

畢達哥拉斯最著名的數學發現是畢氏定理，除此之外，他還有很多的發現。他最主要的興趣，是一種叫做「數論」的領域。

畢達哥拉斯很注意把數和形緊密聯繫起來，他把數描繪成沙灘上的小石子，並按小石子所能排列的幾何形狀來給數分類。

比如，他把1、3、6、10、15等數叫三角形數，因為這些相應的小石子能夠排列成正三角形。同樣的道理，1、4、9、16……叫正方形數；1、5、12、22……叫五邊形數。

透過這些排列，整數的一些性質就能夠很清楚地看出來了。

這樣，畢達哥拉斯研究的數，已經不是一個個具體的數目，研究的幾何圖形，也不是具體的物體的形狀，他研究的，是數和形這些抽象概念的規律，這是他對數學的最偉大的貢獻之一。

然而畢達哥拉斯在政治上卻是很保守的，他極力反對當時的民主制度，所以最終受到了追殺，他被迫逃亡。在躲避追殺的時候，他逃到了一塊豌豆地前。要想逃命，除了穿過這塊豌豆地外，沒有別的路好走。

可是畢達哥拉斯學派的規定，是不準踩豆子地的，畢達哥拉斯在這生死關頭，卻仍然遵守著這條戒律，於是，他停止了逃跑，坐在了豌豆地旁，不久，追殺他的人趕到，畢達哥拉斯就這樣被殺了。

做人要懂得變通，如果過於程式化就會顯得很迂

腐。畢達哥拉斯的成就很輝煌，可是為了遵守教規白白喪失性命，是很迂腐的做法。

【數學加油站】赴宴也不忘研究數學的畢達哥拉斯

有一次，畢達哥拉斯應邀參加一位富人舉辦的餐會。這位富人家的豪華餐廳鋪的是美麗的正方形大理石地磚。由於大餐遲遲不上桌，在場的貴賓饑腸轆轆，頗有怨言，但善於觀察和理解的畢達哥拉斯卻只顧凝視腳下這些排列規則、美麗的方形瓷磚。

畢達哥拉斯當然不只是欣賞瓷磚的美麗，而是想到它們和「數」之間的關係。他拿出畫筆，蹲在地板上，選了一塊瓷磚以它的對角線AB為邊畫一個正方形，他發現這個正方形面積恰好等於兩塊磁磚的面積和。

他很好奇，於是他再以兩塊瓷磚拼成的矩形之對角線作另一個正方形，他發現這個正方形之面積等於5塊瓷磚的面積，也就是以兩股為邊作正方形面積之和。

至此畢達哥拉斯作了大膽的假設：任何直角三角形，其斜邊的平方恰好等於另兩邊平方之和。

那一頓飯，這位古希臘著名數學家，視線一直沒有離開過地面，可見他對數學的專注。

希臘的數學鼻祖：
泰勒斯

在一個名叫米雷托斯的小城裡，誕生了享有「希臘數學鼻祖」之稱的泰勒斯。他年少時曾做過店員，所以年紀輕輕就成了一名買賣鹽巴、橄欖油等貨物的商人。

有一次，一個偶然的機會，他來到了埃及。當時，埃及是一個文明高度發達的國家，在它鼎盛時期建造的金字塔一直保留至今。

泰勒斯早就聽說，埃及祕密珍藏著許多古傳的書籍，因此，他一到埃及，就托人四處打聽那些書籍的下落。最後，他終於探聽到了古籍藏在一家寺院裡。於是，他連夜趕到寺院，誠懇地請求僧人讓他親眼看一看那些書籍。起初，看守僧人說什麼也不肯答應。

「精誠所至，金石為開」。看守書籍的僧人被他的誠意所感動，終於同意了他的請求。這些古傳的書籍大多是數學和天文學方面的著作。泰勒斯廢寢忘食地研讀起來，以至於後來他比常年守護書籍的僧人更熟悉書中的內容。

泰勒斯總是認真地觀察日常生活中的各種現象，刻

苦鑽研事物運行的規律，具有極強的前瞻性。

多年的刻苦研究形成的良好思維習慣，為他日後成為「希臘數學的鼻祖」奠定了堅實的基礎。

泰勒斯小時候，做過販賣鹽巴的生意。每天，他都要把一大口袋沉沉的鹽巴放在驢背上，然後自己也騎在驢背上，蹚過一條小河，到對岸的集市上賣。

有一天，在過河的時候，驢不小心踩空了腳，倒在了河水裡。受了驚嚇的驢費了九牛二虎之力才站了起來，牠忽然發現背上馱著的鹽巴輕了好多。聰明的驢子發現了其中的奧祕。牠背上沉重的負擔原來一碰水就輕了，這個發現讓牠竊喜不已。

從此，每當馱著東西過河的時候，驢都要故意滑倒在河水裡。驢不斷地故伎重演，泰勒斯終於看出了一些端倪。

為了給這頭驢一個教訓，有一天他便將鹽巴換成了棉花。驢當然不知道，過河的時候牠再次滑倒，結果站起來後牠發現今天馱的東西不但沒變輕，反而重了許多。受了這次的教訓，這頭驢從此再也不敢耍心眼了。

【數學加油站】泰勒斯獻計

據說，古希臘哲學家泰勒斯曾經做過呂底亞王克勞

蘇部下的一名士兵。一次，呂底亞王率軍隊出征，來到一條河邊。由於河水較深且湍急，又沒有橋樑與渡船，呂底亞無可奈何地望河興歎。正當呂底亞王無奈之際，泰勒斯獻了一條新計策，使大部隊在一無橋樑、二無渡船的情況下，順利地渡過了河。

泰勒斯獻了一條什麼計策？

一點就通

泰勒斯指揮部隊在營寨後面挖了一條很深的弧形溝渠，使其兩端與河水相通。這樣，湍急的河水分兩股而流，原來河道的河水就變得淺而流速緩，大部隊就可以涉水過河了。

數學之神：阿基米德

　　古希臘數學家阿基米德被賦予了「數學之神」的崇高聲譽。有關他的故事流傳很多。

　　阿基米德生活在大約兩千三百多年前的古希臘。當時，希臘出現了一個名叫馬其頓的國家。它東征西伐，建立了一個橫跨歐亞非的大帝國。隨著馬其頓領土的擴張，希臘文明的中心，也離開了希臘本土，移到了北部非洲尼羅河河口的亞歷山大城。

　　阿基米德原本出生在義大利半島南部的敘拉古城，是一位天文學家的兒子。年輕的時候，他來到亞歷山大城留學，在那裡，他深深地迷上了數學，沉浸在數學的王國裡。

　　相傳阿基米德思考科學問題時，精神高度集中，常常廢寢忘食，也忘了周圍的一切。一次，大家看阿基米德學習這樣專心，就想讓他適當休息一下，於是給他擦上了香油膏，強迫他去洗澡。然而阿基米德卻在裡面待了很久都沒有從澡堂裡出來。朋友們以為他出了什麼事，衝進澡堂一看，原來阿基米德正站在澡堂裡，用手

指在抹了香油的身體上畫著幾何圖形，早就把洗澡的事情忘得一乾二淨了。

阿基米德在亞歷山大城學到了很多數學知識。後來，他回到了敘拉古城，在他的家鄉，有了許多偉大的數學發現。

阿基米德的幾何著作是古代精確科學的高峰，現在還流傳下來十幾種。有的數學家評價說，這些論著毫無例外，都是數學論文的紀念碑。

傳說在阿基米德的晚年，因為敘拉古城和當時的羅馬共和國發生了衝突，羅馬就派了一支艦隊來圍城，當時已經70多歲的阿基米德負責城防工作。他設計製造了一些靈巧的機械，來摧毀敵人的艦隊。他發明了一種擲石機，能迅速擲出成批的石子，把逼近城牆的羅馬士兵打得頭破血流。他用一種投火器把燃燒的東西彈出去，燒毀敵人的船隻，還用一些起重的機械，把敵人的船隻吊起來掀翻。

整整三年，羅馬軍隊付出了慘重的代價，卻始終無法把敘拉古城征服。阿基米德的威名，使羅馬士兵聞風喪膽。羅馬軍隊的統帥馬塞拉斯將軍沮喪地說：「我們是在與數學打仗嗎？這個『數學之神』使我們出盡了洋相，簡直比神話中的百手巨人還要厲害？」

然而由於彈盡糧絕，再加上叛徒的裡應外合，敘拉

古城還是被羅馬軍隊攻破了，居民遭到了殘酷的屠殺。

　　而此時的阿基米德，正在沙盤前專心研究幾何圖形，並不知道城市已經陷落。突然，一名羅馬士兵闖了進來，一腳踏在了沙盤上，把畫在上面的圖形踩亂了。阿基米德抬起頭來，憤怒地吼道：「滾開，不要踩壞了我的圖？」

　　愚昧的羅馬士兵拔出短劍，刺向了阿基米德，這位偉大的數學家就這樣不幸地死在了羅馬士兵的劍下。

　　得知阿基米德的死，羅馬軍隊的統帥馬塞拉斯十分痛心。雖然阿基米德設計的各種機械給他的軍隊造成了極大的損失，但是馬塞拉斯非常敬佩阿基米德，認為他是一個偉大的天才。為此，他下令處決了殺害阿基米德的士兵。為了懷念阿基米德，馬塞拉斯還給阿基米德修了一座陵墓。

【數學加油站】廢寢忘食的阿基米德

　　阿基米德鑽研數學的時候非常專心，往往因為過於投入而忘記了其他的事情。比如在冬天吃飯的時候，他就坐在火盆旁邊，一隻手端著飯碗，一隻手在火盆的灰燼裡比畫著，進行各種數學習題的運算，因過於投入，常常忘了吃飯。

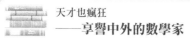

　　有一次，因為一道數學題沒有解答出來，他把自己關在房間裡苦思冥想了很長一段時間，由於一直沒有時間去洗澡，他身上散發出一股難聞的氣味。在家人的一致要求下，阿基米德才勉強進了浴室。

　　那時候的人們都有個習慣，洗完澡之後要往身上擦香油膏。阿基米德待在浴室裡好半天還不出來，家裡人感到十分奇怪。他們站在門外喊了幾聲，可是一點回應也沒有。這是怎麼回事？會不會出了什麼意外？

　　家人趕緊推開門，令人哭笑不得的是，他們發現阿基米德已經忘了自己是在洗澡，他把浴室當成了工作室，正坐在浴盆的邊緣，用手指頭蘸著香油膏在皮膚上畫幾何圖形呢。

充滿戲劇色彩的科學家：
拉普拉斯

科學家拉普拉斯1749年3月23日生於法國諾曼第地區的博蒙昂諾日，他的一生，充滿了戲劇色彩。從幾件小事我們就可以看出來。

雖然這位科學家被法國科學界譽為「法國的牛頓」，但是他還有一段特殊的從政生涯。他曾被拿破崙任命為內務部長，不過他做了極短的時間就被拿破崙免職了。拿破崙當時對他的評價是「他把無窮小的精神帶到了工作中」。

還有一件發生在拉普拉斯身上的趣事。拉普拉斯年輕的時候，曾經托人推薦自己到另外一位有名的科學家的手下工作。當拉普拉斯拿到別人的推薦信，找到那位有名的科學家的時候，那位科學家只把推薦信看了看，就把它丟到了一邊，並把拉普拉斯請出了辦公室。拉普拉斯並沒有因此氣餒，他回去後立刻認真地撰寫了一篇他個人關於力學方面的理解的論文寄給了科學家。當那位科學家看到拉普拉斯寄來的論文，驚喜萬分，他回信對拉普拉斯說：「你的論文就是你最好的推薦者。」

拉普拉斯是一位博學的科學家，在許多領域都有建樹。他臨死的時候所說的一句話，頗發人深省，他說：「我們知道的，的確很少、很少；我們未知的，卻是無窮無盡。」

【數學加油站】拉普拉斯的機率論

　　你知道賭博輸贏也有規律可循嗎？它在偶然性中蘊含著哪些必然性呢？早在16世紀時，賭博中的偶然性現象就曾引起人們的注意。人們發現賭博的輸贏雖然是偶然的，但當賭博的次數增多的時候就會出現一定的規律。拉普拉斯順應時代的需要，提出了機率論。現在不論是彩票、摸獎還是世界保險業都在運用機率知識。

　　今天機率方面的知識已經在各個領域使用，科學家拉普拉斯也就更值得我們紀念了。

　　拉普拉斯作為一名偉大的科學家，在天文數學、物理化學等方面做出了傑出的貢獻，儘管他有那麼多的科學發現，取得了多領域的成就，但為他贏得巨大聲譽的，就是他的機率論。

從戰爭中走出來的代數之父：
韋達

你知道數學的語言是什麼嗎？x、y代表未知數表示的方程式就是數學的語言。

數學的語言是很方便的工具，如$3x+8=20$，用數學語言就能把「一個未知數的3倍加上8等於20」很簡明地表達出來。可是這套語言並不是從來就有的，而是有人創造出來然後推廣使用的。這個人就是偉大的數學家韋達。

韋達是16世紀末的法國科學家。首先開始有意識地、系統地使用符號的人就是韋達。因為他在現代的代數學的發展上起了決定性的作用，後世稱他為「代數之父」。有趣的是，這個被人們稱為「代數之父」的數學家竟然在一場戰爭中起了關鍵的作用。

那個時候，西班牙和法國正在進行戰爭。西班牙軍隊使用複雜的密碼來傳遞消息。這樣，就算信件被敵人發現，也不明白寫的是什麼意思。

有一次，法國軍隊截獲了一些祕密信件，可就是沒有辦法破譯密碼的意思。於是，法國國王就請來大名鼎

鼎的韋達幫忙。經過一番研究，韋達終於解開了密碼的祕密，從此法國在戰爭中取得了先機，法國人對於西班牙的軍事動態總是瞭若指掌，在軍事上總能先發制人，不到兩年時間就打敗了西班牙。可憐的西班牙國王對法國人在戰爭中的「未卜先知」十分惱怒又無法理解，認為是法國人使用了「魔法」。

他萬萬沒有想到的是，韋達利用自己精湛的數學知識，成功地破譯了西班牙的軍事密碼，為他的國家贏得了戰爭的主動權。

韋達在破解密碼的時候大受啟發。他想：密碼就是大家事先約定好的一套符號，其實，在數學中，我們不也可以借助這樣的做法嗎？數學家可以約定好特定的符號表示特定的意思，這樣寫起來就方便多了。

在這件事情的啟發下，韋達又進一步研究，出版了一部數學專著。他不但用字母來表示未知數，還用字母來表示方程式中的係數，這在當時有非常重大的意義。

韋達是一個偉大的開拓者。他贏得了「代數之父」的美譽，為以後數學的發展打下了堅實的基礎。

【數學加油站】韋達與羅門的較量

在韋達身上發生了不少趣事，下面就是其中的一則：

比利時的數學家羅門曾提出一個45次方程的問題向各國數學家挑戰。法國國王便把該問題交給了韋達，韋達當時就得出一解，回家後一鼓作氣，很快又得出了22解。答案公佈，震驚了數學界。

　韋達又回敬了羅門一個問題。羅門苦思冥想數日方才解出，而韋達卻輕而易舉地作了出來，為祖國爭得了榮譽，他的數學造詣由此可見一斑。

由蜘蛛網
產生靈感的笛卡兒

解析幾何是將幾何和代數巧妙地結合在一起的一門學問。如果沒有解析幾何，那麼許多東西我們都無法給它準確的定位，人類的天文、航海等技術就不會有今天這樣發達。法國數學家笛卡兒創造的解析幾何，為這一切奠定了一個堅實的基礎。

古希臘遺留下來三大數學難題，這三大數學難題困擾了許許多多的數學天才好幾百年，而讓這一切疑難變得迎刃而解的，正是笛卡兒的解析幾何。解析幾何解決了數學中的數與形的問題，這一切都是由蜘蛛網產生的靈感。

笛卡兒在部隊當過兵，服役時，他就在思考著古希臘遺留下來的數學難題。可是他並沒有像其他的數學家一樣沉浸在繁複的計算中，他一眼就看出了問題的關鍵：必須解決數學計算和題目中幾何圖形的結合問題，只有這樣才有可能解決遺留下來的這些疑難問題。

1621年笛卡兒退役以後，他就移民荷蘭，開始潛心思考數學和數形結合的問題。這個過程非常艱苦，使得

體質虛弱的笛卡兒病倒了。即使在病床上，這位哲學博士、數學天才，也沒有停止思索。

一天，病床上蜘蛛結網的一幕吸引了他：兩面牆的距離，牆和地面的距離，因為蜘蛛的爬動改變著。瞬間靈感向他襲來，他發現，在一個平面上放上任何兩條相交的直線，如果它們互成直角，那麼用點到垂直線的距離來表示點的位置，就建立了一個座標系。而這不就解決了古希臘遺留下來的數學問題了嗎？笛卡兒沒有沉浸在演算法計算中，而是獨闢蹊徑，創建了解析幾何。

笛卡兒在數學上的成就非常輝煌，對現代數學的發展做出了重要的貢獻，他因將幾何座標體系公式化而被認為是解析幾何之父。

 【數學加油站】迎難而上的笛卡兒

年輕時的笛卡兒曾跟隨軍隊到過荷蘭，有一天，他被大街上的一張告示吸引了。原來，這個荷蘭小鎮正舉行有獎數學競賽。告示上是數學競賽題目，解答這些難題的人，會被認為是小鎮上最好的數學家。

大家對這個都非常感興趣，許多人都在告示前議論。可是，笛卡兒看不懂用當地文字寫的題目，於是他向周圍一個學者模樣的人打聽。

那個人回頭打量了一下這個小夥子，輕蔑地說：「哦？你想知道上面的內容嗎？我可以告訴你，不過你要把你的答案告訴我……」

　　第二天早上，笛卡兒就敲開了這個人的家門，遞上了自己的答案，這個人看了他的答案，大吃一驚，這個士兵竟然能把競賽題有條理的解答出來。這個人就是當時非常有名的數學家——別克曼教授。

　　別克曼教授很高興，於是就收笛卡兒為學生。笛卡兒在他的指導下學習了兩年數學，學問有了很大長進。從此，他就開始了數學的研究。

無與倫比的天才數學家：
歐拉

你知道世界上最偉大的盲人數學家是誰嗎？答案是
——歐拉。

1707年4月15日歐拉生於瑞士的巴塞爾。歐拉知識
淵博，不僅在數學方面取得了卓越的成就，而且在力
學、光學、天文學等方面都有所建樹。

歐拉的父親也是一位數學家，他希望歐拉學神學，
同時學一點數學。

中學畢業以後，按照父親的意願他到巴賽爾大學學
習神學，在這裡他被數學教授約翰・伯努利的講課深深
吸引住了。

有一次，教授在講課的時候無意中提到當時還沒有
解決的一個數學難題，讓教授震驚的是下課鈴聲一響，
他就收到了一份歐拉的答案。

歐拉的解答雖然不是非常完備，但是他的精巧與構
思和大膽使約翰清楚地意識到，面前的這個瘦小的孩子
將是未來的數學巨人。這個意外的發現使教授興奮，他
決定以後每個星期單獨為歐拉解答疑難問題。

在教授的精心指導下，歐拉的數學進步非常快。歐拉的進步被父親發現了，他不安地來到學院，向伯努利教授說明了自己的想法。

教授極其耐心而又誠懇地對他說：「讓歐拉做村子裡面的牧師，這是沒有道理的，他具有數學的天才，由我來安排和指導他的學習吧！」

最後，歐拉的父親終於同意了歐拉從事數學方面的研究。歐拉的一生充滿坎坷，命運之神好像總跟歐拉作對。

緊張的工作讓歐拉雙目失明。1771年發生火災，歐拉的書和大量研究成果全部化為灰燼。可是這些並沒有把歐拉嚇倒，失明以後他憑著驚人的記憶力回憶著自己的研究成果，然後口述，由兒子記錄下來。

就這樣他憑著記憶和心算繼續進行研究和探討，直到他離開人世。

這段艱苦的奮鬥，達17年之久。這17年中，他口述了幾部著作和400篇左右的論文。

歐拉不愧為最偉大的數學家，他對數學的偉大貢獻將永遠銘刻在人們的心中，他卓越的思維能力和巧妙的研究方法值得我們繼承和發揚。

【數學加油站】歐拉的數學趣題

數學家、物理學家、天文學家歐拉13歲進入巴塞爾大學學習，18歲開始發表論文，之後去俄國聖彼德堡科學院講學，並被選為該院院士，一生著作十分豐富。歐拉生前曾編了這樣一道有趣的算術題：

兩位農婦在集市上賣雞蛋，她們一共有100個雞蛋，兩人的雞蛋數目不同，售價也不一樣，可是她們賣得錢數卻是一樣的。

甲對乙說：「如果你的雞蛋按我的售價去賣，我可以賣得15個羅梭(一種德國古貨幣的名稱)。」

乙接著說：「不錯。可是你的雞蛋按我的售價去賣的話，我就只能賣得 $6\frac{2}{3}$ 個羅梭。」請問兩個農婦各有多少個雞蛋。

你能解這道題嗎？請試一試。

一點就通

歐拉是這樣解答的：

因為最後兩人賺得一樣多，所以假設第二個農婦的雞蛋數目是第一個農婦的m倍，那麼，第一個農婦出售雞蛋的價格必定是第二個農婦的m倍。

假定在出售雞蛋之前，兩人已將所帶的雞蛋互換，那麼，第二個農婦的m倍，也就是說，她賺得的錢數應該是

第二個農婦的m^2倍，於是有：

$m^2=15\div6\frac{2}{3}$，解得$m=\frac{3}{2}$。

這樣，根據雞蛋總數是100，第二個農婦的雞蛋數是第一個農婦的$\frac{3}{2}$倍，就可以算出答案了。

第一個農婦帶的雞蛋的數量：

$100\div(1+\frac{3}{2})=40$(個)，

第二個農婦帶的雞蛋數量：

$100-40=60$(個)。

歷史上第一個女數學家：
希帕蒂婭

　　西元370年前後，一個女孩降生在埃及的亞歷山大城，這個女孩後來成為人類歷史上第一位女數學家，她就是希帕蒂婭。

　　當時的亞歷山大城是世界文化中心，各國學者紛紛慕名前往。希帕蒂婭的父親泰奧恩是亞歷山大大學數學系的著名教授，與大多數父親不同，泰奧恩把大量的心血花費在教女兒學數學上。同時，為了能讓女兒接受藝術、文學、自然科學及哲學的薰陶，泰奧恩也盡了最大的努力。希帕蒂婭沒有辜負父親的期望，她日後寫了很多著作(大多已經失傳)，並站到了亞歷山大大學的講壇上。學者們千里迢迢趕到亞歷山大大學，就為了聽她講一節課。她的品格與學識受到了人們高度的讚揚和無比的尊重。

　　希帕蒂婭為數學研究付出了畢生的心血，曾有許多國家的王子和哲學家向她求婚，但她都拒絕了，她說：「我早已嫁給了數學。」

【數學加油站】用影子測量金字塔的高度

希帕蒂婭10歲就已經掌握了豐富的數學知識。有一次，她和父親在林間草地散步，父親問女兒怎樣利用他們兩個人的影子來測量建築物的高度，還說過兩天去測量金字塔的高度。

兩天後，他們騎著馬向金字塔所在地前進。一路上父親滔滔不絕地講述著沙漠的風光、金字塔的傳說。但是希帕蒂婭卻騎在馬上一言不發，她還在想著測量金字塔的辦法。

到目的地時，天色已近黃昏，夕陽把他們的影子拉得很長，希帕蒂婭跳下馬背跟著父親一前一後向金字塔走去。突然，她一回頭驚喜地發現：自己的身影和父親的身影重疊在一起，太陽與他們倆頭頂在一條直線上！她立刻想起了用比例的方法計算金字塔的高度。她把這個方法講給父親聽，父親聽後讚賞地笑了。

活躍的德國數學家：
埃米·諾特

　　埃米·諾特是20世紀初的一位十分活躍的德國女數學家，她的父親是大學數學系的教授。

　　儘管那時距今不過100多年，但女人也只能充當賢妻良母的角色。

　　雖然埃米·諾特是一位頗有實力的數學家，卻不能站在大學的課堂上教書。

　　著名數學家希爾伯特得知此事後，非常憤慨，把大學課堂比喻為「男女分而浴之的公眾澡堂」，大加諷刺。他認為聘請教授還要考慮性別問題簡直不可理喻。這是一個憑實力進大學的問題，而不是按性別入澡堂的問題。男人可以在大學裡講課，女人卻不能有同樣的待遇，真是可笑？後來，埃米·諾特終於成為一名大學教授，她培養了許多優秀的學生。

　　在當時的環境下，能取得如此非凡的成就，足以證明她是一位非常值得我們尊敬的女性。

【數學加油站】不懈努力的埃米‧諾特

年少時的埃米‧諾特多才多藝，能歌善舞。25歲時，她在哥爾丹教授的指導下順利獲得博士學位，不久後憑藉數學才能贏得了聲譽。

1919年6月，她取得哥廷根大學授課資格。在大數學家希爾伯特、韋達等人的力薦下，她終於在清一色的男人世界——哥廷根大學中取得了教授稱號，從此諾特走上了完全獨立的數學之路。

愛因斯坦稱讚埃米‧諾特是「自婦女開始受到高等教育以來最傑出的最富有創造性的數學天才」。埃米‧諾特的名字，已成為億萬婦女獻身科學的象徵。

i-smart

智學堂
智慧是學習的殿堂

★ 親愛的讀者您好，感謝您購買 天才也瘋狂： 我的第一本趣味數學故事 這本書！

為了提供您更好的服務品質，請務必填寫回函資料後寄回，
我們將贈送您一本好書（隨機選贈）及生日當月購書優惠，
您的意見與建議是我們不斷進步的目標，智學堂文化再一次
感謝您的支持！
想知道更多更即時的訊息，請搜尋 "永續圖書粉絲團"

您也可以使用以下傳真電話或是掃描圖檔寄回本公司電子信箱，謝謝！

傳真電話：　　　　　　　　　電子信箱：
（02）8647-3660　　　　　　 yungjiuh@ms45.hinet.net

姓名：_____ ○先生 ○小姐　生日：_____ 電話：_____

地址：_____

E-mail：_____

購買地點（店名）：_____ 購買金額：_____

職　　業：○學生　○大眾傳播　○自由業　○資訊業　○金融業　○服務業　○教職
　　　　　○軍警　○製造業　○公職　○其他_____

教育程度：○高中以下（含高中）　○大學、專科　○研究所以上

您對本書的意見：☆內容　　　　○符合期待　○普通　○尚改進　○不符合期待
　　　　　　　　☆排版　　　　○符合期待　○普通　○尚改進　○不符合期待
　　　　　　　　☆文字閱讀　　○符合期待　○普通　○尚改進　○不符合期待
　　　　　　　　☆封面設計　　○符合期待　○普通　○尚改進　○不符合期待
　　　　　　　　☆印刷品質　　○符合期待　○普通　○尚改進　○不符合期待

您的寶貴建議：